"十三五"职业教育国家规划教材

高等职业教育机电工程类系列教材

# 机械制造工艺与机床夹具
# 课程设计指导

## 第 4 版

吴　拓　编

U0379785

机械工业出版社

本书为"十三五"职业教育国家规划教材。本书是为了适应高职高专教学需要，指导工科院校机电类各专业学生做好机械制造工艺与机床夹具课程设计而编写的。书中介绍了课程设计的要求、内容、设计方法及步骤，提供了工艺规程设计和夹具设计指导、设计范例以及工艺规程设计和夹具设计的相关资料，收集了各类机械零件图样46幅，供教师为学生下达设计任务书时选用，同时还选编了各类典型机床的夹具设计示例，供学生进行夹具设计时参考。

全书共六章。第一章为机械制造工艺与机床夹具课程设计概述，第二章为机械制造工艺规程设计指导，第三章为机床夹具设计指导，第四章为课程设计实例，第五章为机械制造工艺与机床夹具课程设计题目选编，第六章为典型机床夹具设计示例。

本书可供高等职业院校机电类各专业的学生进行"机械制造工艺与机床夹具"课程设计和毕业设计时使用，也可供有关工程技术人员参考。

**图书在版编目（CIP）数据**

机械制造工艺与机床夹具课程设计指导/吴拓编. —4 版. —北京：机械工业出版社，2019.9（2023.1 重印）
高等职业教育机电工程类系列教材
ISBN 978-7-111-63909-1

Ⅰ.①机… Ⅱ.①吴… Ⅲ.①机械制造工艺-课程设计-高等职业教育-教材②机床夹具-课程设计-高等职业教育-教材 Ⅳ.①TH16-41②TG75-41

中国版本图书馆 CIP 数据核字（2019）第 214623 号

机械工业出版社（北京市百万庄大街 22 号 邮政编码 100037）
策划编辑：薛 礼 责任编辑：薛 礼
责任校对：肖 琳 封面设计：马精明
责任印制：任维东
北京富博印刷有限公司印刷
2023 年 1 月第 4 版第 7 次印刷
184mm×260mm·9.75 印张·237 千字
标准书号：ISBN 978-7-111-63909-1
定价：35.00 元

电话服务 网络服务
客服电话：010-88361066 机 工 官 网：www.cmpbook.com
010-88379833 机 工 官 博：weibo.com/cmp1952
010-68326294 金 书 网：www.golden-book.com
封底无防伪标均为盗版 机工教育服务网：www.cmpedu.com

# 关于"十三五"职业教育国家规划教材的出版说明

2019 年 10 月，教育部职业教育与成人教育司颁布了《关于组织开展"十三五"职业教育国家规划教材建设工作的通知》（教职成司函〔2019〕94 号），正式启动"十三五"职业教育国家规划教材遴选、建设工作。我社按照通知要求，积极认真组织相关申报工作，对照申报原则和条件，组织专门力量对教材的思想性、科学性、适宜性进行全面审核把关，遴选了一批突出职业教育特色、反映新技术发展、满足行业需求的教材进行申报。经单位申报、形式审查、专家评审、面向社会公示等严格程序，2020 年 12 月教育部办公厅正式公布了"十三五"职业教育国家规划教材（以下简称"十三五"国规教材）书目，同时要求各教材编写单位、主编和出版单位要注重吸收产业升级和行业发展的新知识、新技术、新工艺、新方法，对入选的"十三五"国规教材内容进行每年动态更新完善，并不断丰富相应数字化教学资源，提供优质服务。

经过严格的遴选程序，机械工业出版社共有 227 种教材获评为"十三五"国规教材。按照教育部相关要求，机械工业出版社将认真以习近平新时代中国特色社会主义思想为指导，积极贯彻党中央、国务院关于加强和改进新形势下大中小学教材建设的意见，严格落实《国家职业教育改革实施方案》《职业院校教材管理办法》的具体要求，秉承机械工业出版社传播工业技术、工匠技能、工业文化的使命担当，配备业务水平过硬的编审力量，加强与编写团队的沟通，持续加强"十三五"国规教材的建设工作，扎实推进习近平新时代中国特色社会主义思想进课程教材，全面落实立德树人根本任务；突显职业教育类型特征；遵循技术技能人才成长规律和学生身心发展规律；落实根据行业发展和教学需求，及时对教材内容进行更新；同时充分发挥信息技术的作用，不断丰富完善数字化教学资源，不断提升教材质量，确保优质教材进课堂；通过线上线下多种方式组织教师培训，为广大专业教师提供教材及教学资源的使用方法培训及交流平台。

教材建设需要各方面的共同努力，也欢迎相关使用院校的师生反馈教材使用意见和建议，我们将认真组织力量进行研究，在后续重印及再版时吸收改进，联系电话：010-88379375，联系邮箱：cmpgaozhi@ sina. com。

机械工业出版社

# 第4版前言

>>>>>>

《机械制造工艺与机床夹具课程设计指导》一书自2006年1月出版以来，历经两次修订，至今共印刷29次，发行量达96800册，受到读者的如此青睐，编者甚感欣慰，在此谨向各位读者及同仁致以深深的谢意！

虽然本书社会反映良好，但编者出于强烈的职业责任感，仍十分注意发现不足之处，不断总结和积累经验，力争使其更加完善。本次修订，编者根据自己的教学实践，对课程设计题目的部分图样进行了修改，使之更加适合高职高专学生；同时，为了方便学生设计和教师指导，编者还选编了各类典型机床夹具设计的示例。

机械制造工艺与机床夹具课程设计是机械类、近机类各专业学生学习机械制造工艺与机床夹具这门专业技术基础课之后，为综合运用所学知识，增强实际工艺设计能力而不可或缺的一个重要实践环节。严密组织、认真指导本课程的课程设计，对于学生毕业后走上工作岗位，尽快地适应工作需要，必将大有帮助。

本书主要具有以下特色：

1）特别注重高等职业教育特点，在"必需、够用"上狠下功夫，既要保证知识的系统性、完整性、科学性，又要精炼、实用。具体措施是，提供一些不适宜在课堂上讲解，而从事工艺设计的过程中又需要用到的图表，以扩展学生的专业知识，方便学生自学，为学生走向社会开展技术工作打下良好基础。

2）本书编排上力求"学、做、用"三位一体，既注重理论知识学习，又突出、加强实际训练。本书中既对机械制造工艺设计开展理论指导，又列举了机械制造工艺设计实例，对工艺设计过程进行具体示范，让学生按图索骥、模仿体验，真正达到全工艺设计过程"学用结合"的效果。

3）编者曾在企业工作过相当长的时间，担任过车间主任等职，到高校后也从事过机械制造工艺和机床夹具设计课程的教学和课程设计指导，有一定的经验和体会。本书所选编的图样取自工厂生产一线中等难度的实例。该课程设计将整个工艺和夹具设计过程模拟成企业的实际流程，把设计任务书下达给学生，要求学生按质、按量、按时、按程序，脚踏实地地完成每一个步骤。

4）编者十分注意内容的取舍，力求精简，避免表述冗长。然而，为了方便学生设计，满足高职学生增强职业技能的需要，以适应技术设计、工艺设计与管理以及生产管理等工作，本书仍然提供了许多必要的设计资料和参考图表，以方便教师指导学生学以致用。

全书共分为六章。第一章为机械制造工艺与机床夹具课程设计概述，第二章为机械制造工艺规程设计指导，第三章为机床夹具设计指导，第四章为课程设计实例，第五章为机械制造工艺与机床夹具课程设计题目选编，第六章为典型机床夹具设计示例。

本书可供机械类、近机类各专业的学生进行"机械制造工艺与机床夹具"课程设计和毕业设计时使用，也可供有关工程技术人员参考。

由于编者水平所限，错误和失当之处在所难免，恳请读者不吝指正。

**编 者**

2019 年 3 月于广州

# 第3版前言

《机械制造工艺与机床夹具课程设计指导》一书自2006年1月出版、2009年3月再版以来，共印刷22次，发行量近80000册，受到读者的如此青睐，编者甚感欣慰，在此谨向各位读者和同仁再次致以深深的谢意！

为了既满足教学的需要，又减轻学生的负担，编者对本书的课程设计题目参考图样和各类典型机床夹具设计示例作了精选和删改。

全书共分为六章。第一章为机械制造工艺与机床夹具课程设计概述，第二章为机械制造工艺规程设计指导，第三章为机床夹具设计指导，第四章为课程设计实例，第五章为机械制造工艺与机床夹具课程设计题目选编，第六章为典型机床夹具设计示例。

各位读者和同仁如有宝贵意见和建议，恳请不吝批评指正。

编　者

2016 年 1 月于广州

# 第2版前言

&gt;&gt;&gt;&gt;&gt;&gt;&gt;&gt;

《机械制造工艺与机床夹具课程设计指导》一书自 2006 年 1 月出版以来，至 2009 年 1 月便已印刷 7 次，发行达 30000 册，受到读者的如此青睐，编者甚感欣慰，在此谨向各位读者和同仁致以深深的谢意！

虽然本书的社会反映良好，但编者出于一种强烈的职业责任，在使用过程中仍十分注意发现书中的不足之处，并不断总结和积累经验，以期更加完善。这次再版，编者根据自己的教学实践，对课程设计题目的图样进行了修订，使之更加适合高职高专学生使用；同时为了方便学生设计和教师指导，编者还选编了各类典型机床的夹具设计示例。

全书共六章。第一章为机械制造工艺与机床夹具课程设计概述；第二章为机械制造工艺规程设计指导；第三章为机床夹具设计指导；第四章为课程设计实例；第五章为机械制造工艺与机床夹具课程设计题目选编；第六章为典型机床夹具设计示例。

囿于编者水平有限，本书难免仍有不当之处，恳请各位读者不吝指正。

编　者
2009 年 3 月于广州

# 第1版前言

>>>>>>>

　　为了满足高职高专工科院校机电工程类各专业的教学需要，指导学生做好机械制造工艺与机床夹具课程设计，我们结合自己多年的教学和实践经验，编写了本教材。书中介绍了课程设计的要求、内容、设计方法及步骤，提供了工艺规程设计和夹具设计指导、设计范例。考虑到课程设计时学生往往很难找到合适的设计手册和参考资料，本书特地辑录了部分常用的工艺规程设计和夹具设计的相关资料。为了方便教师布置课程设计任务，本书还收集了中等复杂程度的各类机械零件图样 40 幅，供教师选用和参考。

　　全书共五章。第一章为机械制造工艺与机床夹具课程设计概述；第二章为机械制造工艺规程设计指要；第三章为机床夹具设计指要；第四章为课程设计实例；第五章为机械制造工艺与机床夹具课程设计题目选编。本书由吴拓任主编、方琼珊任副主编；第一章、第四章和第五章由吴拓编写，第二章和第三章由吴拓、方琼珊共同编写；全书由吴拓统稿。本书第五章的大部分图样都是由广东轻工职业技术学院机电系数控 021 班、机电 031 班的学生作为课程设计任务绘制的，最后由数控 021 班的关留华同学协助订正，在此一并表示感谢。

　　本书可供高职高专机电工程类各专业的学生进行机械制造工艺与机床夹具课程设计和毕业设计时使用，也可供有关工程技术人员参考。

　　囿于编者水平，错误和失当之处在所难免，恳请读者不吝指正。

**编　者**

2005 年 10 月于广州

# 目 录

# 第一章

# 机械制造工艺与机床夹具课程设计概述

## 第一节 课程设计的目的和要求

### 一、课程设计的目的

机械制造工艺与机床夹具课程设计是机械制造工艺与机床夹具课程教学的一个不可或缺的辅助环节。它是学生全面综合运用本课程及其有关先修课程的理论和实践知识进行加工工艺及夹具结构设计的一次重要实践。它对于培养学生编制机械加工工艺规程和机床夹具设计的能力，为以后搞好毕业设计和到工厂从事工艺与夹具设计具有十分重要的意义。本课程设计的目的在于：

（1）培养学生综合运用机械制造工艺学及相关专业课程（工程材料与热处理、机械设计、互换性与测量技术、金属切削加工及装备等）的理论知识，结合金工实习、生产实习中学到的实践知识，独立地分析和解决机械加工工艺问题，初步具备设计中等复杂程度零件的工艺规程的能力。

（2）能根据被加工零件的技术要求，运用夹具设计的基本原理和方法，学会拟订夹具设计方案，完成夹具结构设计，初步具备设计保证加工质量的高效、省力、经济合理的专用夹具的能力。

（3）使学生熟悉和能够应用有关手册、标准、图表等技术资料，指导学生分析零件加工的技术要求和本企业具备的加工条件，掌握从事工艺设计的方法和步骤。

（4）进一步培养学生机械制图、设计计算、结构设计和编写技术文件等的基本技能。

（5）培养学生耐心细致、科学分析、周密思考、吃苦耐劳的良好习惯。

（6）培养学生解决工艺问题的能力，为学生今后进行毕业设计和去工厂从事工艺与夹具设计打下良好的基础。

### 二、课程设计的要求

本课程设计要求就一个中等复杂程度的零件编制一套机械加工工艺规程，按教师指定的某道加工工序设计一副专用夹具，并撰写设计说明书（课程设计时间只安排一周的可不进行夹具设计一项）。学生应在教师的指导下，认真地、有计划地、独立按时完成设计任务。学生对待自己的设计任务必须如同在工厂接受设计任务一样，对于自己所做的技术方案、数据选择和计算结果必须高度负责，注意理论与实践相结合，以期使整个设计在技术上是先进的、在经济上是合理的、在生产中是可行的。

设计题目：（通常定为）××零件的机械加工工艺规程的编制及××工序专用夹具的设计。

生产纲领：3000~10000件。

生产类型：批量生产。

具体要求：

| | |
|---|---|
| 产品零件图 | 1张 |
| 产品毛坯图 | 1张 |
| 机械加工工艺过程卡片 | 1套 |
| 机械加工工序卡片 | 1套 |
| 夹具总装图（A0或A1图纸） | 1张（设计时间只安排一周者除外） |
| 夹具主要零件图（A2~A4图纸） | 若干张（设计时间只安排一周者除外） |
| 课程设计说明书（4000~6000字） | 1份 |

# 第二节　课程设计的内容和步骤

## 一、课程设计的内容

本课程设计主要有以下内容：

（1）绘制产品零件图，了解零件的结构特点和技术要求。

（2）根据生产类型和所拟的企业生产条件，对零件进行结构分析和工艺分析。有必要的话，对原结构设计提出修改意见。

（3）确定毛坯的种类及制造方法，绘制毛坯图。

（4）拟订零件的机械加工工艺过程，选择各工序的加工设备和工艺装备（刀具、夹具、量具、模具、工具），确定各工序的加工余量和工序尺寸，计算各工序的切削用量和工时定额，并进行技术经济分析。

（5）填写机械加工工艺过程卡片、机械加工工序卡片（可根据课程设计时间的长短和工作量的大小，由指导教师确定只填写部分主要加工工序的工序卡片）等工艺文件。

（6）设计指定工序的专用夹具，绘制装配总图和主要零件图。

（7）撰写设计说明书。

## 二、课程设计的步骤

### （一）机械加工工艺规程设计

机械加工工艺规程是指导生产的重要技术文件，是一切有关的生产人员应严格执行、认真贯彻的法规性文件。制订机械加工工艺规程应满足以下基本要求：

（1）保证零件的加工质量，可靠地达到产品图样所提出的全部技术条件，并尽量提高生产率和降低消耗。

（2）尽量降低工人的劳动强度，使其有良好的工作条件。

（3）在充分利用现有生产条件的基础上，采用国内外先进工艺技术。

（4）工艺规程应正确、完整、统一、清晰。

（5）工艺规程应规范、标准，其幅面、格式与填写方法以及所用的术语、符号、代号等应符合相应标准的规定。

（6）工艺规程中的计量单位应全部使用法定计量单位。

为了保证工艺规程设计的质量，在制订机械加工工艺规程时，应具备下列原始资料：

（1）产品的整套装配图和零件图。

（2）产品的验收质量标准。

（3）产品的生产纲领。

（4）现有的生产条件与设计条件。

（5）有关工艺标准、设备和工艺装备资料。

（6）国内外同类产品的生产技术发展情况。

产品零件图样、生产纲领和工厂的生产条件是课程设计的主要原始资料，根据这些资料确定了生产类型和生产组织形式之后，即可开始按以下步骤进行工艺设计，拟订工艺规程。

**1. 分析、研究零件图**（或实物），**进行结构工艺性审查**

（1）熟悉零件图，了解零件性能、功用、工作条件及其所在部件（或整机）中的作用。

（2）了解零件材料及其热处理要求，合理选择毛坯种类及其制造方法。

（3）分析零件的确切形状和结构特点，分析零件图上各项技术要求制订的依据，找出关键技术问题。

（4）确定主要加工表面和次要加工表面，确定零件各表面的加工方法和切削用量。

（5）分析零件的结构工艺性。从选材是否得当，尺寸标注和技术要求是否合理，零件的结构是否便于安装和加工，零件的结构能否适应生产类型和具体的生产条件，是否便于采用先进的、高效率的工艺方法等方面进行结构分析，对不合理之处可提出修改意见。所谓具有良好的结构工艺性，应是在不同生产类型的具体生产条件下，对零件毛坯的制造、零件的加工和产品的装配，都能采用较经济的方法进行的结构。表1-1中所列两种结构设计对比表明，两使用性能完全相同的零件，因结构稍有不同，其制造成本就有很大的差别。

绘制零件图的过程也是一个分析和认识零件的过程。零件图应按机械制图国家标准精心绘制。除特殊情况经指导教师同意者外，通常均按1:1比例绘出。

表1-1　零件机械加工结构工艺性的对比

| 序号 | 设计原则 | 结构对比 | | 简要说明 |
|---|---|---|---|---|
| | | A　结构工艺性差 | B　结构工艺性好 | |
| 1 | | $\phi 30.5^{+0.018}_{0}$ | $\phi 30^{+0.025}_{0}$ | B结构孔径的基本尺寸及公差为标准值，便于采用钻—扩—铰方案加工，可大大提高生产效率，并保证质量 |
| 2 | 尽量采用标准化参数 | 1:19　$\phi 65$ | Morse No.6　$\phi 63.348$　a)　1:20　$\phi 80$　b) | A结构的锥孔锥度值和尺寸为非标准值，既不能采用标准锥度塞规检验，又不能与标准外锥面配合使用 |

（续）

| 序号 | 设计原则 | 结 构 对 比 | | 简要说明 |
|---|---|---|---|---|
| | | A 结构工艺性差 | B 结构工艺性好 | |
| 3 | 尽量采用标准化参数 | 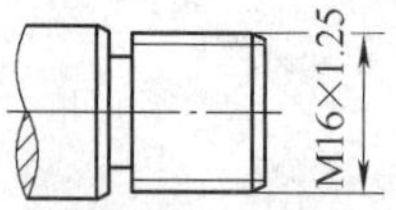 M16×1.25 | 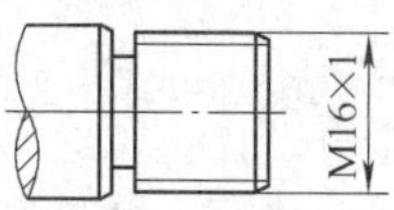 M16×1 | 螺纹的公称直径和螺距要取标准值，才能使用标准丝锥和板牙加工 |
| 4 | 零件应有足够的刚度 | 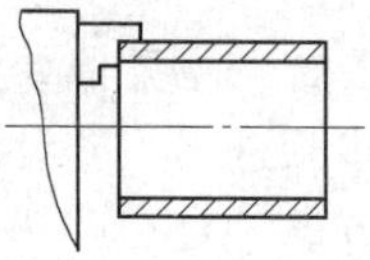 | 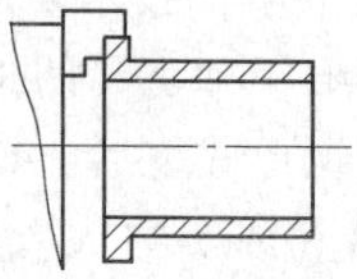 | 薄壁套筒零件可在一端加凸缘，以增加零件的刚度 |
| 5 | | 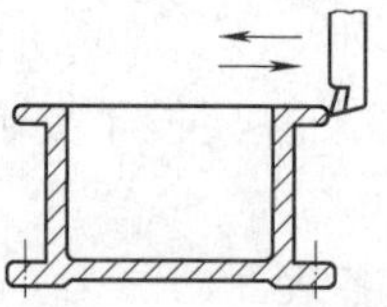 | 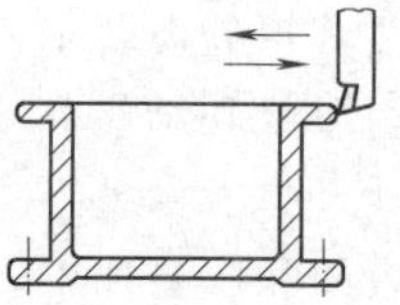 | B 结构增加肋板，增加了零件刚度，可减小刨削时所产生的变形 |
| 6 | | 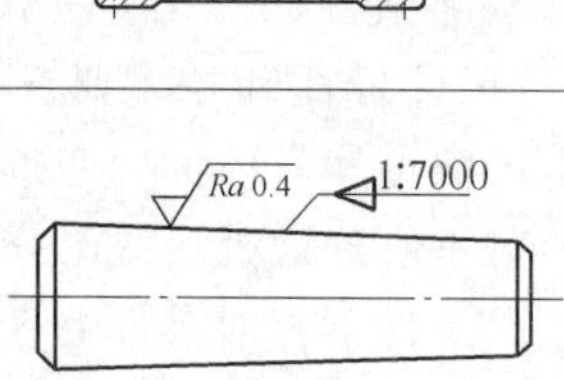 $Ra\,0.4$ 1:7000 | 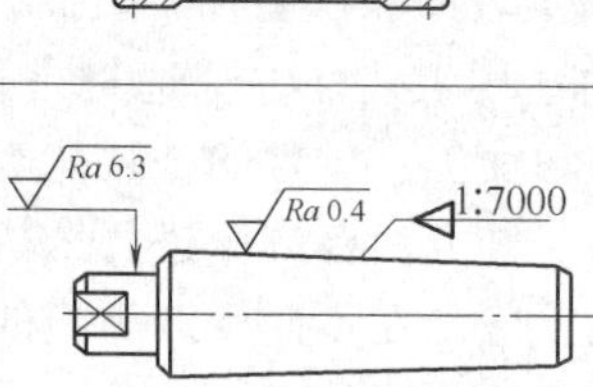 $Ra\,6.3$ $Ra\,0.4$ 1:7000 | 锥度心轴一般用顶尖、拨盘装夹，先车后磨，可在心轴一端设计一圆柱表面，以便安装卡箍 |
| 7 | | 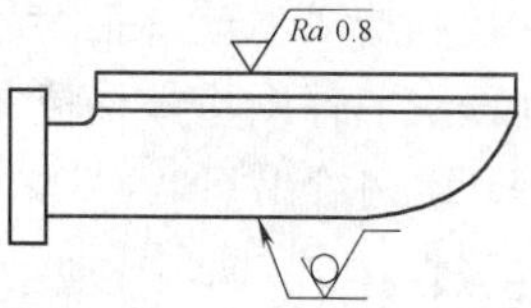 $Ra\,0.8$ | 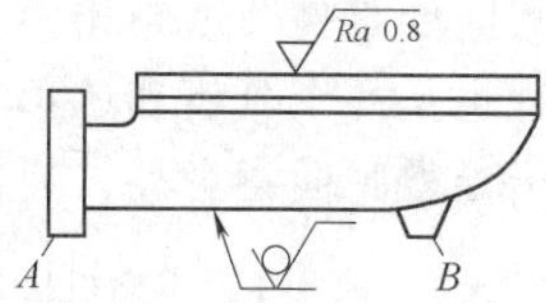 $Ra\,0.8$ A B | 为安装方便，B 结构增加了工艺凸台 B，精加工后，再将凸台 B 切除 |
| 8 | 便于装夹 | 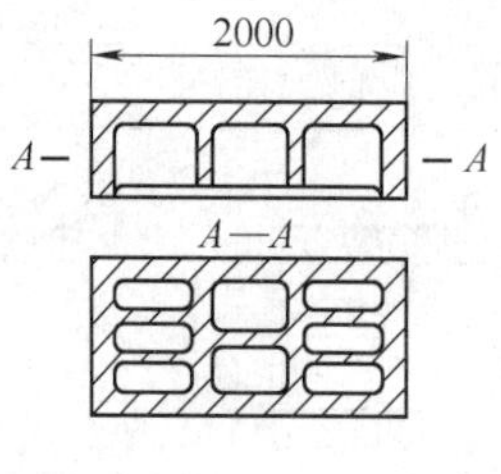 2000 A—A A—A | 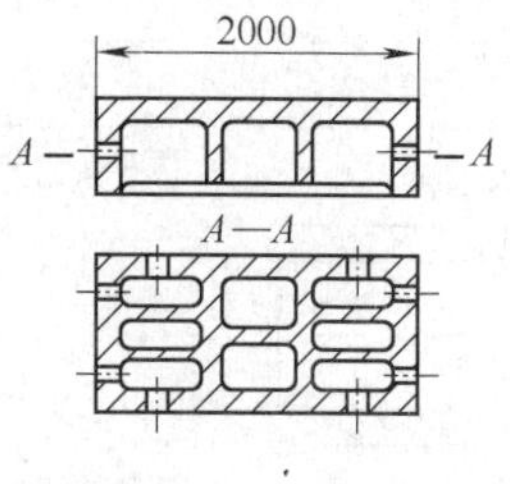 2000 A—A A—A | 图示为划线用的大平板，在其两侧各增加两个大孔，以便于压板螺栓压紧工件且便于吊运 |
| 9 | | 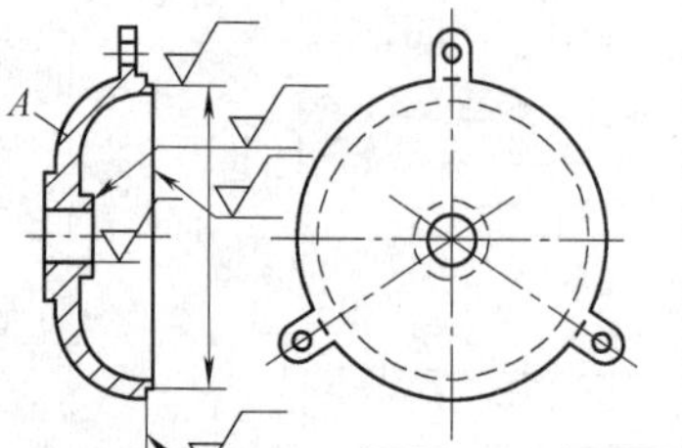 A $Ra\,1.6$ | 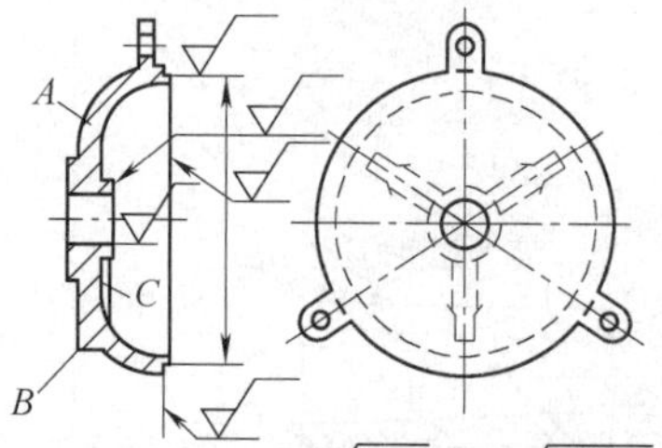 A B C $Ra\,1.6$ | 电动机端盖没有合适的装夹表面，可增设三个均布的工艺凸台 B 用于装夹，为防止装夹变形，还增设了三个肋板 C |

（续）

| 序号 | 设计原则 | 结构对比 | | 简要说明 |
|---|---|---|---|---|
| | | A 结构工艺性差 | B 结构工艺性好 | |
| 10 | 便于装夹 | | 工艺凸台 | B 结构在车床小滑板上设置工艺凸台，以便于加工下部的燕尾槽，加工完毕再去掉此凸台 |
| 11 | | | | B 结构的键槽在同一方向，可减少装夹次数 |
| 12 | 减少装夹次数 | $Ra\,1.6$ $Ra\,12.5$ $Ra\,1.6$ | $Ra\,1.6$ $Ra\,12.5$ $Ra\,1.6$ | B 结构可在一次装夹中车削加工两端的孔，且易保证两端孔的同轴度要求 |
| 13 | | | | 若一个螺孔及凸台分别为斜孔和斜面，则钻孔时需要装夹两次或扳转一次刀轴，B 结构则只需装夹一次 |
| 14 | 减少刀具种类 | 3×M8 4×M10 4×M12 3×M6 | 8×M12 6×M8 | 箱体上的螺纹孔直径应尽量一致或减少种类，以便于采用同一丝锥或减少丝锥规格 |
| 15 | | 2.5 3 3.5 | 3 3 | 轴上退刀槽及键槽宽度尺寸在结构允许的条件下，应可能一致或减少种类 |
| 16 | 减少机床调整次数 | M48×1.5 M64×2 | M48×2 M64×2 | A 结构零件上的两处螺纹螺距值不一致，车加工时需调整两次机床，应尽量使同一零件上的螺距值一致 |

（续）

| 序号 | 设计原则 | 结 构 对 比 | | 简要说明 |
|---|---|---|---|---|
| | | A 结构工艺性差 | B 结构工艺性好 | |
| 17 | 减少机床调整次数 | | | 零件同一方向的加工面,高度尺寸如果相差不大,应尽可能等高,以减少机床调整次数 |
| 18 | | | | 在允许的情况下,尽量采用相同的锥度,磨床可以只需作一次调整 |
| 19 | 便于进刀和退刀 | | | 加工内、外螺纹时,应留有退刀槽或保留足够的退刀长度 |
| 20 | | | | |
| 21 | | | | 需要磨削的内、外圆,其根部应有砂轮越程槽 |

（续）

| 序号 | 设计原则 | 结 构 对 比 | | 简要说明 |
|---|---|---|---|---|
| | | A 结构工艺性差 | B 结构工艺性好 | |
| 22 | 便于进刀和退刀 | | | 孔与箱壁应有足够的距离,以保证标准长度的钻头能正常工作 |
| 23 | | | | 刨削时,在平面的前端必须设有刨削越程槽,以便退刀 |
| 24 | | | | 在套筒上插削键槽时,在键槽前端必须设置一孔或退刀槽,以便退刀 |
| 25 | | $m=2$ $z=30$ | $m=2$ $z=30$ | 内齿轮根部必须留有足够宽度的退刀槽,以便插齿刀切出 |
| 26 | | 齿轮铣刀或滚刀 | 齿轮铣刀或滚刀 | 齿轮的端部若有凸起的轴肩,则在该端部必须留有足够宽度的齿轮铣刀或滚刀的退刀槽 |
| 27 | 减少加工困难 | | | 工件上钻头进出的表面应与孔的轴线垂直,否则容易折断钻头 |
| 28 | | | | B 结构将箱体内表面的加工改为外表面的加工,使加工大为方便 |

（续）

| 序号 | 设计原则 | 结 构 对 比 | | 简要说明 |
|---|---|---|---|---|
| | | A 结构工艺性差 | B 结构工艺性好 | |
| 29 | | | | 箱体的同轴孔系应尽可能设计成无台阶的通孔,孔径应向一个方向递减,或从两边向中间递减,孔的端面应在同一平面上 |
| 30 | | | | 对于有同轴度要求的两端的孔,可改为像B结构那样,两件分别加工后再组合起来 |
| 31 | | | | B结构改用镶装结构,避免了A结构对内孔底部圆弧面进行精加工的困难 |
| 32 | 减少加工困难 | | | A结构凹槽内表面四个侧壁之间为直角,侧壁与底面之间为圆角,用铣削根本无法加工,改为B结构后即可用铣削加工 |
| 33 | | | | 加工内表面一般比加工外表面困难,因此应尽量将内表面加工改为外表面加工 |
| 34 | | | | A结构的环形槽既窄又深,加工起来比较困难,采用B结构,既不影响使用,又便于加工 |
| 35 | | | | A结构箱体内壁凸台过大,改为B结构后即方便加工 |

（续）

| 序号 | 设计原则 | 结 构 对 比 | | 简要说明 |
|---|---|---|---|---|
| | | A 结构工艺性差 | B 结构工艺性好 | |
| 36 | 减少加工困难 | | | 箱体类零件的外表面比内表面容易加工,故应以外表面代替内表面作装配连接表面 |
| 37 | | *Ra* 3.2 | *Ra* 3.2 | 支架底面要与机座上的平面连接,应设计成B结构,以减少加工表面面积,且能增加接触刚度 |
| 38 | 减少加工表面面积 | | | B结构铸出凸台,可以减少加工面积,且较为美观 |
| 39 | | *Ra* 3.2 | *Ra* 3.2 | 长径比较大、有配合要求的孔,不应在整个长度上都精加工,B结构更利于保证配合精度 |
| 40 | | | | B结构既避免了深孔加工,又节约了零件材料 |
| 41 | 避免深孔加工 | | | B结构可减少深孔的螺纹加工 |
| 42 | | | | B结构按孔的实际配合需要,改短了加工长度,并在两端改用凸台定位,从而降低了对孔及端面的加工成本 |

（续）

| 序号 | 设计原则 | 结构对比 | | 简要说明 |
|------|---------|---------|---------|---------|
| | | A　结构工艺性差 | B　结构工艺性好 | |
| 43 | 避免深孔加工 | | | 采用B结构后,避免了深孔加工 |
| 44 | 避免加工干涉 | | $h$ $h>0.3\sim0.5$ | 键槽的底面不应与轴表面重合,以免划伤轴的表面 |
| 45 | | | | 沟槽底不应与孔的素线平齐,以免划伤加工表面 |
| 46 | 便于测量 | $\phi180^{\ 0}_{-0.025}$ 5 | $\phi180^{\ 0}_{-0.025}$ 15 测量后切除 | 壳体法兰止口太短,则不便测量,如果结构允许,可适当加长止口;如果结构不允许,可先加长止口,等尺寸合格后,再切除多余部分 |
| 47 | | $\sqrt{Ra\ 1.6}$ $\sqrt{Ra\ 1.6}$ 100±0.1 140 | $\sqrt{Ra\ 1.6}$ $\sqrt{Ra\ 1.6}$ 40±0.05 140±0.05 | 零件的尺寸标注应便于测量,B图的标注较为合理 |

（续）

| 序号 | 设计原则 | 结构对比 | | 简要说明 |
|---|---|---|---|---|
| | | A　结构工艺性差 | B　结构工艺性好 | |
| 48 | | | | 同一组件上的几个配合表面应依次进入装配 |
| 49 | | | | 轴上零件可单独组装成组件后,一次装入箱体内 |
| 50 | | | | 床身和油盘的联接螺钉应在容易装配的地方 |
| 51 | 便于装配 | | | 箱体内搭子上加工油孔不方便 |
| 52 | | | | 轴的台阶设计应使轴承内圈拆卸方便 |
| 53 | | | | 轴承孔的设计应使轴承外圈拆卸方便 |

（续）

| 序号 | 设计原则 | 结 构 对 比 | | 简要说明 |
|---|---|---|---|---|
| | | A 结构工艺性差 | B 结构工艺性好 | |
| 54 | 便于装配 | | | 螺钉的位置设计应使螺钉有足够的装配空间 |
| 55 | | | | 定位圆锥销的销孔设计应使其拆卸方便 |

**2. 根据生产纲领和生产类型，确定工艺的基本特征**

生产纲领和生产类型不同，产品零件的制造工艺、所用设备及工艺装备、对工人的技术要求、采取的技术措施和要求达到的技术经济效果也会不同。各种生产类型的工艺特征见表1-2。

表1-2 各种生产类型的工艺特征

| 特 点 | 单 件 生 产 | 批 量 生 产 | 大 量 生 产 |
|---|---|---|---|
| 零件的互换性 | 通常配对制造,缺乏互换性,广泛采用修配法,钳工修配 | 大部分具有互换性。装配精度要求高时,灵活应用分组装配法和调整法,钳工修配 | 全部具有互换性。某些装配精度高的配合件,采用分组装配法和调整法 |
| 毛坯的制造方法及加工余量 | 铸件由木模手工造型铸造;锻件自由锻造。毛坯精度低,加工余量大 | 部分铸件用从属模造型;部分锻件用模锻。毛坯精度中等,加工余量中等 | 铸件广泛采用金属模机器造型,锻件广泛采用模锻,或其他高效制造方法。毛坯精度高,加工余量小 |
| 机床设备及其布置 | 通用机床。按机床种类及大小采用"机群式"排列 | 部分通用机床和部分高效机床。按加工零件类型分工段排列 | 广泛采用高效专用机床及自动化机床。按流水线和自动线排列设备 |
| 工艺装备 | 大多采用通用夹具、标准附件、通用刀具和万能量具。极少采用夹具,靠划线和试切法达到精度要求 | 广泛采用夹具,部分靠划线找正达到精度要求。较多采用专用刀具和量具 | 广泛采用专用高效夹具、复合刀具、专用量具或自动检测装置。靠调整法达到精度要求 |
| 对工人的技术要求 | 需要技术水平高的熟练工人 | 需要具有一定熟练程度的技术工人 | 对调整工的技术水平要求高,对操作工的技术水平要求较低 |
| 工艺文件 | 有简单的工艺过程卡,关键工序有加工工序卡 | 通常有工艺过程卡,关键零件有详细的工艺规程 | 有详细的工艺规程,关键工序有调整卡和检验卡 |

（续）

| 特 点 | 单件生产 | 批量生产 | 大量生产 |
|---|---|---|---|
| 生产效率 | 低 | 中 | 高 |
| 生产成本 | 高 | 中 | 低 |
| 发展趋势 | 箱体类复杂零件采用加工中心加工 | 采用成组技术、数控机床或者柔性制造系统等加工 | 在计算机控制的自动化制造系统中加工，并可能实现在线故障诊断、自动报警和加工误差自动补偿 |

**3. 确定毛坯的类型和制造方法，绘制毛坯图**

（1）毛坯的类型及特点。机械零件常用的毛坯类型如下：

1）型材：含各种冷拔、热轧的板材、棒料（圆的、六角的、特形的）、丝材。

2）铸件：含砂型铸件（包括木模手工造型、金属模机械造型）、金属型铸件、离心浇注铸件、压力或熔模精密铸件。

3）锻件：自由锻锻件、模锻（立式锻、卧式锻）锻件、精密锻造锻件。

4）焊接件。

5）压制件。

6）冲压件。

各类毛坯的特点及应用范围见表1-3。

表1-3 各类毛坯的特点及应用范围

| 毛坯种类 | 制造精度（IT） | 加工余量 | 原材料 | 工件尺寸 | 工件形状 | 适用生产类型 | 生产成本 |
|---|---|---|---|---|---|---|---|
| 型材 | | 大 | 各种材料 | 小型 | 简单 | 各种类型 | 低 |
| 型材焊接件 | | 一般 | 钢材 | 大、中型 | 较复杂 | 单件 | 低 |
| 砂型铸造 | 13级以下 | 大 | 铸铁、青铜为主 | 各种尺寸 | 复杂 | 各种类型 | 较低 |
| 自由锻造 | 13级以下 | 大 | 钢材为主 | 各种尺寸 | 较简单 | 单件小批 | 较低 |
| 普通模锻 | 11～15级 | 一般 | 钢、锻铝、铜等 | 中、小型 | 一般 | 批量、大量 | 一般 |
| 钢模铸造 | 10～12级 | 较小 | 铸铝为主 | 中、小型 | 较复杂 | 批量、大量 | 一般 |
| 精密锻造 | 8～11级 | 较小 | 钢材、锻铝等 | 小型 | 较复杂 | 大量 | 较高 |
| 压力铸造 | 8～11级 | 小 | 铸铁、铸钢、青铜 | 中、小型 | 复杂 | 批量、大量 | 较高 |
| 熔模铸造 | 7～10级 | 很小 | 铸铁、铸钢、青铜 | 小型为主 | 复杂 | 批量、大量 | 高 |

（2）选择毛坯的制造方式，确定毛坯的精度。选择毛坯的制造方式，确定毛坯的精度，都应综合考虑生产类型和零件的结构、形状、尺寸、材料等因素。此时，若零件毛坯选用型材，则应确定其名称、规格；如为铸件，则应确定分型面、浇冒口系统的位置；若为锻件，则应确定锻造方式及分模面等。

（3）确定余量。可查阅有关的机械加工工艺手册，用查表法确定各表面的总余量及余量公差，也可用计算法确定。

（4）绘制毛坯图。确定总余量之后即可绘制毛坯图。其步骤如下：

1）用双点画线画出经简化了次要细节的零件图的主要视图，将已确定的加工余量叠加在各相应的被加工表面上，即得到毛坯轮廓。

2）用粗实线绘出毛坯形状，比例为1:1。

3）标注毛坯的主要尺寸及公差，标出加工余量的名义尺寸。

4）标明毛坯的技术要求，如毛坯精度、热处理及硬度、圆角尺寸、起模斜度、表面质量要求（气孔、缩孔、夹砂）等。

5）和绘制一般的零件图一样，为表达清楚毛坯的某些内部结构，可画出必要的剖视、断面图，对于实体上加工出来的槽和孔，则可不必这样表达。

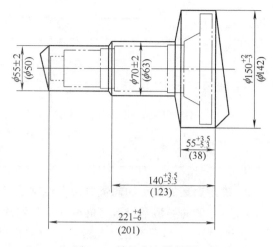

图 1-1　轴的自由锻件图

6）注明一些特殊的余块，如热处理工艺的夹头、机械试验和金相试验用试棒、机械加工用的工艺夹头等的位置。

毛坯图的示例见图 1-1、图 1-2 和图 1-3。

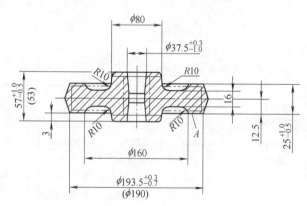

技 术 要 求
1. 未注出的模锻斜度为5°。
2. 热处理:正火,硬度为156～207HBW。
3. 毛刺不大于±1。
4. 表面缺陷深度:非加工面不大于 0.5,加工面不大于实际余量的 1/2。
5. 下平面 A 的平面度公差为0.8。
6. 上下模的错差≤1。

图 1-2　齿轮的模锻件图

### 4. 拟订工艺路线

零件的机械加工工艺过程是工艺规程设计的核心问题。对于复杂零件，设计时通常应以"优质、高产、低消耗"为宗旨，拟出 2～3 个方案，经全面分析对比，从中选择出一个较为合理的方案。

（1）选择定位基准。正确地选择定位基准是设计工艺过程的一项重要内容，也是保证零件加工精度的关键，而且对确定加工顺序、加工工序的多少、夹具的结构等都有重要影响。设计时，应根据零件的结构特点、技术要求及毛坯的具体情况，按照粗、精基准的选择原则来确定各工序合理的定位基准。当定位基准与设计基准不重合时，需要对它的工序尺寸和定位误差进行必要的分析和计算。零件上的定位基准、夹紧部位和加工面三者要互相协调、全面考虑。

（2）决定各表面的加工方法，划分加工阶段。各表面的加工方法主要依据其技术要求，综合考虑生产类型、零件的结构形状和尺寸、工厂的生产条件、工件材料和毛坯情况来确

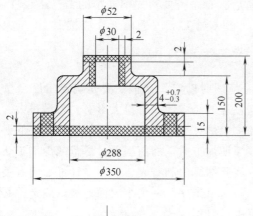

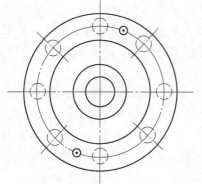

图 1-3 铸件毛坯图

技术要求

1. 合金牌号: ZL104。

2. 铸造方法: 金属型铸造。

3. 未注明的铸造起模斜度: 3°。

4. 未注明的铸造圆角: R3。

5. 综合技术条件: HB 963—2005。

6. 铸造的精度等级: ZJ4(HB0-7-67)。

7. 铸件的交货状态: 允许浇冒口残根≤2,
表面状态符合标准件。

8. 进行液压试验 (压力及时间等)。

9. 热处理后硬度: 70HBW。

定。根据各表面的加工要求,先选定最终的加工方法,再由此向前确定各准备工序的加工方法。决定表面加工方法时还应对照每种加工方法所能达到的经济加工精度,先主要表面、后次要表面。再根据零件的工艺分析、毛坯状态和选定的加工方法,看一看应采用哪些热处理;是否需划分成粗加工、半精加工、精加工等几个阶段。

(3) 工序的集中与分散。各表面的加工方法确定之后,应考虑哪些表面的加工适合在一道工序中完成,哪些则应分散在不同工序为好,从而初步确定零件加工工艺过程中的工序总数及内容。一般情况下,单件小批量生产只能采取工序集中,而大批量生产则既可以工序集中,也可以工序分散。从发展的角度来看,当前一般采用工序集中原则来组织生产。

(4) 初拟加工工艺路线。加工顺序的安排一般应按"先粗后精、先面后孔、先主后次、基准先行"的原则进行,热处理工序应分段穿插进行,检验工序则按需要来安排。通常应初拟 2~3 个较为完整合理的该零件的加工工艺路线,经技术经济分析后取其中的最佳方案并实施之。

(5) 工艺装备的选择。选择工艺装备的总原则是根据生产类型与加工要求,使之既能保证加工质量,又经济合理。工艺装备的选择应与工序精度要求相适应、与生产纲领相适应、与现有设备条件相适应。批量生产条件下,通常采用通用机床加专用工、夹具;大量生产条件下,多采用高效专用机床、组合机床流水线、自动线与随行夹具。设计时,应认真查阅有关手册,尽量进行实地调查,应将所选机床或工艺装备的相关参数 (如机床型号、规格、工作台宽、T 形槽尺寸;刀具形式、规格、与机床的连接关系;夹具、专用刀具的设计要求,与机床的连接方式等) 记录下来,为后面填写工艺卡片做好准备。

（6）填写工艺过程卡片。选定工艺装备后，看是否要对先前初拟的工艺路线进行修改。确认后，即可填写机械加工工艺过程卡片。机械加工工艺过程卡片应按照 JB/T 9165.2—1998 中规定的格式及原则填写。

### 5. 机械加工工序设计

（1）确定加工余量。毛坯余量已在画毛坯图时确定。这里主要是确定工序余量。合理选择加工余量对零件的加工质量和整个工艺过程的经济性都有很大影响。余量过大，将造成材料和工时的浪费，增加机床和刀具的损耗；余量过小，则不能去掉加工前存在的误差和缺陷，影响加工质量，造成废品。因此，应在保证加工质量的前提下，尽量减少加工余量。

确定工序余量的方法有三种：计算法、经验估算法和查表法。本设计可参阅有关机械加工工艺手册，用查表法按工艺路线的安排，一道道工序、一个个表面地加以确定，必要时可根据使用时的具体条件对手册中查出的数据进行修正。

（2）确定工序尺寸及公差。计算工序尺寸和标注公差是制订工艺规程的主要工作之一。工序尺寸的公差通常需查阅加工工艺手册，按经济加工精度确定。而工序尺寸的确定有两种情况：

1）当定位基准（或工序基准）与设计基准重合时，可采用"层层包裹"的方法，即将余量一层层叠加到被加工表面上，可以清楚地看出每道工序的工序尺寸，再按每种加工方法的经济加工精度公差按"入体方式"标注在对应的工序尺寸上。例如，某加工表面为 $\phi100H6$ 的孔，$Ra$ 为 $0.4\mu m$，其加工工艺路线为粗镗—精镗—粗磨—精磨，可画出如图 1-4 所示的简图。

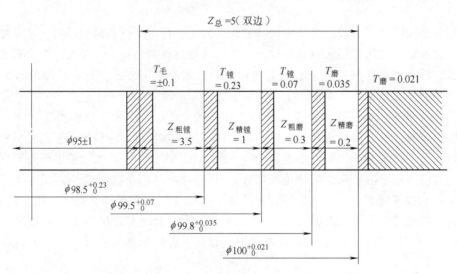

图 1-4　基准重合时工序尺寸与公差的确定

2）当定位基准（或工序基准）与设计基准不重合时，即加工基准多次变换时，此时应按尺寸链原理来计算确定工序尺寸与公差，并校核余量层是否满足加工要求。

（3）确定各工序的切削用量。合理的切削用量是科学管理生产、获得较高技术经济指标的重要前提之一。切削用量选择不当会使工序加工时间增多，设备利用率下降，工具消耗增加，从而增加产品成本。

确定切削用量时，应在机床、刀具、加工余量等确定之后，综合考虑工序的具体内容、加工精度、生产率、刀具寿命等因素。选择切削用量的一般原则是保证加工质量，在规定的刀具寿命条件下，使机动时间少、生产率高。为此，应合理地选择刀具材料及刀具的几何参数。在选择切削用量时，通常首先确定背吃刀量（粗加工时尽可能等于工序余量）；然后根据表面粗糙度要求选择较大的进给量；最后，根据切削速度与寿命或机床功率之间的关系，用计算法或查表法求出相应的切削速度（精加工则主要依据表面质量的要求）。本设计一般参阅有关机械加工工艺手册，采用查表法。下面介绍常用加工方法切削用量的一般选择方法。

1）车削用量的选择。

① 背吃刀量。粗加工时，应尽可能一次切去全部加工余量，即选择背吃刀量值等于余量值。当余量太大时，应考虑工艺系统的刚度和机床的有效功率，尽可能选取较大的背吃刀量值和最少的工作行程数。半精加工时，如单边余量 $h > 2mm$，则应分在两次行程中切除：第一次 $a_p = (2/3 \sim 3/4)h$，第二次 $a_p = (1/3 \sim 1/4)h$。如 $h \leqslant 2mm$，则可一次切除。精加工时，应在一次行程中切除精加工工序余量。

② 进给量。背吃刀量选定后，进给量直接决定了切削面积，从而决定了切削力的大小。因此，允许选用的最大进给量受下列因素限制：机床的有效功率和转矩；机床进给机构传动链的强度；工件的刚度；刀具的强度与刚度；图样规定的加工表面粗糙度。生产实际中大多依靠经验法，本设计可利用金属切削用量手册，采用查表法确定合理的进给量。

③ 切削速度。在背吃刀量和进给量选定后，切削速度的选定是否合理，对切削效率和加工成本影响很大。一般方法是根据合理的刀具寿命计算或查表选定 $v$ 值。精加工时，应选取尽可能高的切削速度，以保证加工精度和表面质量，同时满足生产率的要求。粗加工时，切削速度的选择应考虑以下几点：硬质合金车刀切削热轧中碳钢的平均切削速度为 $1.67m/s$，切削灰铸铁的平均切削速度为 $1.17m/s$，两者平均刀具寿命为 $3600 \sim 5400s$；切削合金钢的切削速度比切削中碳钢的切削速度要降低 $20\% \sim 30\%$；切削调质状态的钢件或切削正火、退火状态的钢料时，切削速度要降低 $20\% \sim 30\%$；切削有色（非铁）金属的切削速度比切削中碳钢的切削速度可提高 $100\% \sim 300\%$。

2）铣削用量的选择。

① 铣削背吃刀量。根据加工余量来确定铣削背吃刀量。粗铣时，为提高铣削效率，一般选铣削背吃刀量等于加工余量，一个工作行程铣完。而半精铣及精铣时，加工要求较高，通常分两次铣削，半精铣时背吃刀量一般为 $0.5 \sim 2mm$；精铣时，铣削背吃刀量一般为 $0.1 \sim 1mm$ 或更小。

② 每齿进给量。可从切削用量手册中查出，其中推荐值均有一个范围。精铣或铣刀直径较小、铣削背吃刀量较大时，用其中较小值。大值常用于粗铣。加工铸铁件时，用其中较大值，加工钢件时用较小值。

③ 铣削速度。铣削背吃刀量和每齿进给量确定后，可适当选择较高的切削速度以提高生产率。选择时，按公式计算或查切削用量手册，对大平面铣削也可参照国内外的先进经验，采用密齿铣刀、选大进给量、高速铣削，以提高效率和加工质量。

3）刨削用量的选择。

① 刨削背吃刀量。刨削背吃刀量的确定方法和车削基本相同。

② 进给量。刨削进给量可按有关手册中车削进给量推荐值选用。粗刨平面根据背吃刀量和刀杆截面尺寸按粗车外圆选其较大值；精加工时按半精车、精车外圆选取；刨槽和切断按车槽和切断进给量选择。

③ 刨削速度。在实际刨削加工中，通常是根据实践经验选定刨削速度。若选择不当，不仅生产效率低，还会造成人力和动力的浪费。刨削速度也可按车削速度公式计算，只不过除了如同车削时要考虑的诸项因素外，还应考虑冲击载荷，要引入修正系数 $k_{冲}$（参阅有关手册）。

4）钻削用量的选择。钻削用量的选择包括确定钻头直径 $D$、进给量 $f$ 和切削速度 $v$（或主轴转速 $n$）。应尽可能选大直径钻头，选大的进给量，再根据钻头的寿命选取合适的钻削速度，以取得高的钻削效率。

① 钻头直径。钻头直径 $D$ 由工艺尺寸要求确定，尽可能一次钻出所要求的孔。当机床性能不能胜任时，才采取先钻孔、再扩孔的工艺，这时钻头直径取加工尺寸的 0.5～0.7 倍。孔用麻花钻直径可参阅 GB/T 20330—2006 选取。

② 进给量。进给量 $f$ 主要受到钻削背吃刀量与机床进给机构和动力的限制，也受工艺系统刚度的限制。标准麻花钻的进给量可查表选取。采用先进钻头能有效地减小进给力，往往能使进给量成倍提高。因此，进给量必须根据实践经验和具体条件分析确定。

③ 钻削速度。钻削速度通常根据钻头寿命按经验选取。

（4）制订工时定额。主要是确定工序的机加工时间，也可包括辅助时间、技术服务时间、自然需要时间及每批零件的准备、终结时间等。工时定额主要按经过生产实践验证而积累起来的统计资料来确定，随着工艺过程的不断改进，需要经常进行相应的修订；对于流水线和自动线，由于有规定的切削用量，工时定额可以部分通过计算，部分应用统计资料得出。在计算每一道工序的单件时间后，还必须对各道工序的单件计算时间进行平衡，以最大限度地发挥各台机床的生产效率，达到较高的生产率，保证生产任务的完成。

本设计作为对工时定额确定方法的一种了解，可只确定一个工序的单件工时定额。可参阅有关的机械加工工艺手册，采用查表法或计算法得出。

（5）填写机械加工工序卡片。加工工序设计完成后，要以表格或卡片的形式确定下来，以便指导工人操作和用于生产、工艺管理。工序卡片填写时字迹应端正，表达要清楚，数据要准确。机械加工工序卡片应按照 JB/T 9165.2—1998 中规定的格式及原则填写。

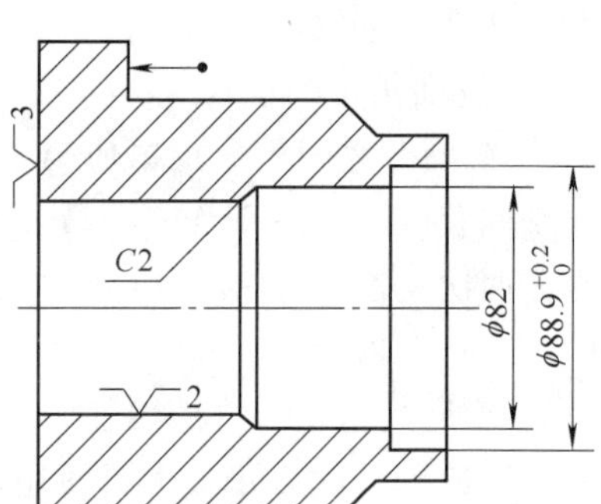

机械加工工序卡片中的工序简图可参照图 1-5 按如下要求制作：

1）简图应按比例缩小，用尽量少的视图表达。简图也可以只画出与加工部位有关的局部视图，除加工面、定位面、夹紧面、主要轮廓面外，其余线条均可省略，以必需、明了为度。

图 1-5　工序简图的画法

2）被加工表面用粗实线表示，其余均用细实线。

3）应标明本工序的工序尺寸、公差及粗糙度要求。

4）定位、夹紧表面应以 JB/T 5564.1—2008 规定的符号标明。

**6. 技术经济分析**

制订工艺规程时，通常有几种不同的工艺路线可以同样满足被加工零件的加工精度和表面质量的要求，其中有的方案可具有很高的生产率，但设备和工艺装备方面的投资较大；另一些方案则可能投资较节省，但生产效率较低。因此，不同的工艺路线就有不同的经济效果。为了选取在给定的生产条件下最经济合理的方案，应对已拟订的至少两个工艺路线进行技术经济分析和评估，择其优者而实施之。

**7. 校核**

在完成制订机械加工工艺规程各步骤后，应对整个工艺规程进行一次全面的审查和校核。首先应按各项内容审核设计的正确性和合理性，如基准的选择、加工方法的选择是否正确、合理，加工余量、切削用量等工艺参数是否合理，工序图等图样是否完整、准确等。此外，还应审查工艺文件是否完整、全面，工艺文件中各项内容是否符合相应标准的规定。

**（二）专用夹具设计**

本课程设计要求学生设计 1～2 套零件机械加工工艺过程中给定工序的专用夹具。具体的设计项目可根据加工的需要，由学生本人提出并经指导教师同意后确定。原则上所设计的夹具应具有中等以上的复杂程度。

进行夹具设计前，必须准备好以下资料：

（1）工艺装备设计任务书。

（2）工件的工艺规程。

（3）产品的图样和技术要求。

（4）有关国家标准、行业标准和企业标准。

（5）国内外典型工装装备的图样和有关资料。

（6）工厂设备清单。

（7）生产技术条件。

夹具设计应根据零件工艺设计中所规定的原则和要求来进行。设计时要求做到：

（1）设计前应深入现场，了解生产批量和对夹具的需用情况，了解夹具制造车间的生产条件和技术状况，联系生产实际，准备好各种设计资料；确定设计方案时应征求教师意见，经审核后方才进行设计，以免走弯路。

（2）设计的夹具必须满足工艺要求，结构性能可靠，使用省力安全，操作方便，有利于实现优质、高产、低消耗，能改善劳动条件，提高标准化、通用化、系列化水平。

（3）设计的夹具应具有良好的结构工艺性，即所设计的夹具应便于制造、检验、装配、调整、维修，且便于切屑的清理、排除。

（4）夹具设计必须保证图样清晰、完整、正确、统一。

（5）对精密、重大、特殊的夹具应附有使用说明书和设计计算书。

夹具设计步骤如下：

**1. 明确设计任务**

接到夹具设计任务书后，应认真进行分析、研究，发现不当之处，可提出修改意见，经审批后予以改正。开始进行设计之前，先应做好以下几项准备工作：

（1）熟悉被加工工件的图样。弄清被加工工件在产品中的作用、结构特点、主要加工表面和技术要求；了解被加工工件的材料、毛坯种类、特点、重量和外形尺寸等。

（2）分析被加工工件的工艺规程。熟悉被加工工件的工艺路线，了解有关工艺参数和工件在本工序以前的加工情况；熟悉该工序加工中所使用的机床、刀具、量具及其他辅具的型号、规格、主要参数、机床与夹具连接部分的结构和尺寸；了解被加工工件的热处理情况。

（3）核对夹具设计任务书。根据上述工作，核对设计任务书，确保设计任务准确无误。

（4）收集资料，深入调研。要认真收集相关资料，征求有关人员的意见，进行现场调研，以便使所设计的夹具结构更完善、更合理。

**2. 制订夹具设计方案，绘制结构草图**

设计方案的确定是一项十分重要的设计程序，方案的优劣往往决定了夹具设计的成败。因此，必须充分地进行研究和讨论，而不要急于绘图、草率行事。最好制订两种以上的结构方案，进行分析比较，确定一个最佳方案。

确定夹具设计方案时应当遵循的原则是：①确保工件的加工质量；②工艺性好，结构尽量简单；③使用性好，操作省力高效；④定位、夹紧快速、准确，能提高生产率；⑤经济性好，制造成本低廉。设计者必须在设计的实践中，综合上述原则，统筹考虑，亦即灵活运用所学的知识，结合实际情况，注意研究互相制约的各种因素，确定最合理的设计方案。

（1）确定定位方案，设计定位装置。定位应符合"六点定位原则"。定位元件尽可能选用标准件，必要时可在标准件的结构基础上作一些修改，以满足具体设计的需要。

（2）确定夹紧方案，设计夹紧机构。夹紧可以用手动、气动、液压或其他动力源。重点应考虑夹紧力的大小、方向、作用点，以及作用力的传递方式，保证不破坏定位，不造成工件过量变形，不会有活动度为零的"机构"，并且应满足生产率的要求。对于气动、液压夹具，应考虑气（液）压缸的形式、安装位置、活塞杆长短等。

（3）确定夹具整体结构方案。定位、夹紧确定之后，还要确定其他机构，如对刀装置、导引元件、分度机构、顶出装置等。最后设计夹具体，将各种元件、机构有机地连接在一起。

（4）夹具精度分析。在绘制的夹具结构草图上，标注出初步确定的定位元件的公差配合关系及相互位置精度，然后计算定位误差，根据误差不等式关系检验所规定的精度是否满足本工序加工技术要求，是否合理。否则应采取措施（如重新确定公差、更换定位元件、改变定位基准，必要时甚至改变原设计方案），然后重新分析计算。

（5）夹具夹紧力分析。首先应计算切削力大小，它是计算夹紧力的主要依据。通常确定切削力有以下三种方法：①由经验公式算出；②由单位切削力算出；③由手册上提供的诺模图（如 M-P-N 图）查出。根据切削力、夹紧力的方向、大小，按静力平衡条件求得理论夹紧力。为了保证工件装夹的安全可靠，夹紧机构（或元件）产生的实际夹紧力，一般应为理论夹紧力的 1.5 ~ 2.5 倍。

应当指出，由于加工方法、切削刀具、装夹方式千差万别，夹紧力的计算有时没有现成的公式可以套用，需要根据过去已掌握的知识、技能进行分析、研究来确定合理的计算方法，或采用经验类比法，千万不要为了计算而去计算，只要在说明书内阐述清楚这样处理夹紧力的理由即可。

（6）绘制结构草图。结构草图和各项分析计算结果经指导教师审阅后，即可进行工作图设计工作。

**3. 绘制夹具装配总图**

夹具装配总图应能清楚地表示出夹具的工作原理和结构，各元件间相互位置关系和外廓尺寸。主视图应选择夹具在机床上正确安放时的位置，并且是工人操作时面对的位置。夹紧机构应处于"夹紧"状态下。要正确选择必要的视图、断面、剖视以及它们的配置。尽量采用1:1的比例绘制。绘制夹具装配总图的基本步骤如下：

（1）参考结构草图进行总体设计布局。先用双点画线将被加工零件的外形轮廓、定位基面、夹紧表面及加工表面绘制在各个视图的合适位置。在总图中，工件可视为透明体，不遮挡其后的任何线条。

（2）根据预定方案，按定位元件、夹紧装置、导向（对刀）元件、其他机构和辅助元件以及夹具体的顺序，依次画出整个夹具结构。

（3）标注夹具的有关尺寸、公差、技术要求，主要包括以下内容：

1）最大轮廓尺寸。长、宽、高，活动构件的最大活动范围。

2）与工件加工技术要求直接有关的尺寸和公差。如：

① 定位元件之间的尺寸和公差。

② 导向（对刀）元件之间的尺寸和公差，以及它们与定位元件之间的尺寸和公差。

③ 导向（对刀）元件与夹具安装基面或机床连接元件之间的尺寸与技术要求。

④ 定位元件与夹具安装基面或与机床连接元件之间的尺寸与技术要求。

3）重要的配合尺寸及配合性质。如轴承与轴及孔、钻套内径、钻套与衬套、衬套与模板等处。

4）安装尺寸。夹具体与机床的连接尺寸，如车床夹具与机床连接的锥柄、止口等。

5）其他技术要求。标于总图下方适当的位置，内容包括：为保证装配精度而规定或建议采取的制造方法与步骤；为保证夹具精度和操作方便而应注意的事项；对某些部件动作灵活性的要求；检验技术要求；有关制造、使用、调整、维修等方面的特殊要求和说明等。技术要求的具体数据一般取工件相应公差的1/2~1/5，必要时应予以验算。

6）编制、标注零件序号，填写明细表、标题栏。

（4）审核复查总装图。总装图绘制完毕，应自行复查一遍；然后交指导老师审核。

图1-6所示为连杆铣槽工序图。图1-7所示为连杆铣槽夹具总装图。

**4. 绘制夹具零件图**

根据指导教师的指定，绘制2~4份关键的、非标准的夹具零件图，如夹具体等。具体要求如下：

（1）零件图的投影应尽量与总图上的投影位置相符合，便于读图和校核。

（2）尺寸标注应完善、清楚，既便于读图，又便于加工。

（3）应将该零件的形状、尺寸、相互位

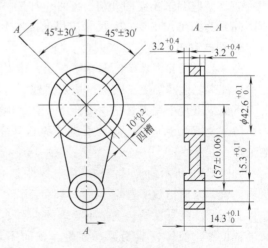

图1-6 连杆铣槽工序图

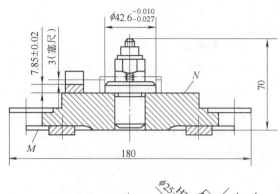
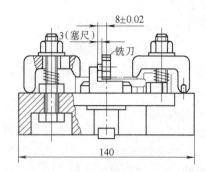
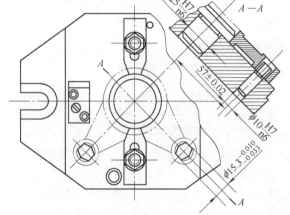

图 1-7  连杆铣槽夹具总装图

技术要求

1. $N$ 面相对于 $M$ 面的平行度公差在 100 上 ≤0.33。

2. $\phi42.6$ 与 $\phi15.3$ 相对于底面 $M$ 的垂直度公差在全长上 ≤0.03。

置精度、表面粗糙度、材料、热处理及表面处理要求等都清楚地表示出来。

（4）同一工种加工表面的尺寸应尽量集中标注。

（5）对于可在装配后用组合加工来保证的尺寸，应在其尺寸数值后注明"按总图"字样，如钻套之间、定位销之间的尺寸等。

（6）要注意选择设计基准和工艺基准。

（7）某些要求不高的几何公差可由加工方法自行保证，可不标注。

（8）为满足加工要求，尺寸应尽量按加工顺序标注，以免进行尺寸换算。

**5. 图样审核**

夹具装配图和零件图绘制完毕后，为使夹具能够充分满足使用功能要求，同时又具有良好的装配工艺性和加工工艺性，应对图样进行必要的审核。

下面指出几个在夹具结构设计中带有共性的问题，在审核图样时应特别注意。

（1）夹具的结构应合理。所设计的夹具应具有合理的结构，否则会影响工作，甚至不能工作。

如图 1-8a 所示的夹具结构，由于圆柱形工件用 V 形块定位并用双向正反螺杆定心夹紧机构夹紧，因而出现了过定位。在实际工作时，有可能一个压板压不到工件，这就降低了可靠性，因此该夹具在结构上是不合理的。图 1-8b 是改进后的结构。由于去掉了螺杆的轴向叉形限位件，使螺杆成为浮动元件，轴向不定位，因而消除了过定位，保证了夹紧的可靠性。

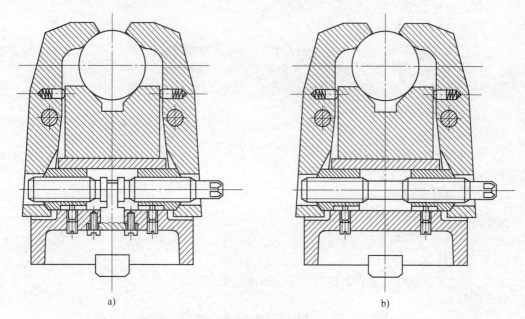

图 1-8　夹具结构合理性分析
a）不合理　b）合理

（2）夹具结构要稳定可靠，要有足够的强度和刚度。应根据夹具结构的具体形状确定增加刚度的措施，如铸件可选用合理的截面形状及增加加强肋；焊接件加焊接加强肋或在结合面上加紧固螺钉；锻件可适当增加截面尺寸。

（3）夹具的受力应合理。夹具的受力部分应直接由夹具体承受，避免通过紧固螺钉受力。夹紧装置的设计，应尽量使夹紧力在夹具体一个构件上得到平衡。

（4）夹具结构应具有良好的工艺性。

（5）正确设计退刀槽及倒角。

（6）注意材料及热处理方法的合理选择。

（7）夹具结构应具有良好的装配工艺性。

（8）夹具结构应充分考虑测量与检验问题。

（9）夹具的易损件应便于更换和维修。

**（三）编写设计说明书**

说明书是课程设计的总结性文件。通过编写说明书，进一步培养学生分析、总结和表达的能力，巩固、深化在设计过程中所获得的知识，是本次设计工作中的一个重要组成部分。

说明书的内容包括：

（1）目录。

（2）设计任务书。

（3）总论或前言。

（4）对零件的工艺分析（零件的作用、结构特点、结构工艺性、关键表面的技术要求分析等）。

（5）工艺设计。

1）确定生产类型。

2）毛坯选择与毛坯图说明。

3）工艺路线的确定（粗、精基准的选择，各表面加工方法的确定，工序集中与分散的考虑，工序安排的原则，加工设备与工艺装备的选择，不同方案的分析比较等）。

4）加工余量、切削用量、工时定额的确定。

5）工序尺寸与公差的确定。

（6）夹具设计。

1）设计思想与设计方案的比较。

2）定位分析与定位误差计算。

3）对刀及导引装置设计。

4）夹紧机构设计与夹紧力计算。

5）夹具操作动作说明。

（7）设计体会。

（8）参考文献书目（书目前排列序号，以便于正文引用）。

# 第三节 课程设计的注意事项

## 一、设计应贯彻标准化原则

在设计过程中，必须自始至终注意在如下几方面贯彻标准化原则，在引用和借鉴他人的资料时，如发现使用旧标准或不符合相应标准的，应做出修改。

（1）图纸的幅面、格式应符合国家标准的规定。

（2）图样中所用的术语、符号、代号和计量单位应符合相应的标准规定，文字应规范。

（3）标题栏、明细栏的填写应符合标准。

（4）图样的绘制和尺寸的标注应符合机械制图国家标准的规定。

（5）有关尺寸、尺寸公差、几何公差和表面粗糙度应符合相应的标准规定。

（6）选用的零件结构要素应符合有关标准。

（7）选用的材料、标准件应符合有关标准。

（8）应正确选用标准件、通用件和代用件。

（9）工艺文件的格式应符合有关的标准规定。

## 二、撰写说明书应注意的事项

说明书应概括地介绍设计全貌，对设计中的各部分内容应作重点说明、分析论证及必要的计算。要求系统性好、条理清楚、图文并茂，充分表达自己的见解，力求避免抄书。

（1）学生从设计一开始就应随时逐项记录设计内容、计算结果、分析意见和资料来源，以及教师的合理意见、自己的见解与结论等。每一设计阶段过后，即可整理、编写出有关部分的说明书，待全部设计结束后，只要稍作整理，便可装订成册。不要将这些工作完全集中在设计后期完成，以节省时间，避免错误。

（2）说明书要求字迹工整，语言简练，文字通顺，逻辑性强；文中应附有必要的简图和表格，图例应清晰。

（3）所引用的公式、数据应注明来源，文内公式、图表、数据等出处，应以"[　　]"注明参考文献的序号。

（4）计算部分应有必要的计算过程。

（5）说明书封面应采用统一印发的格式。如果学生自行打印说明书，则内芯用 16 开纸，四周边加框线，书写后装订成册。

### 三、拟订工艺路线应注意的事项

在撰写工艺路线，尤其是在选择加工方法、安排加工顺序时，要考虑和注意以下事项：

（1）表面成形。应首先加工出精基准面，再尽量以统一的精基准定位加工其余表面，并要考虑到各种工艺手段最适合加工什么表面。

（2）保证质量。应注意到在各种加工方案中保证尺寸精度、形状精度和表面相互位置精度达到设计要求；是否要粗、精分开，加工阶段应如何划分；怎样保证工件无夹压变形；怎样减少热变形；采用怎样的热处理手段以改善加工条件、消除应力和稳定尺寸；如何减小误差复映；对某些相互位置精度要求极高的表面，可考虑采用互为基准反复加工的办法等。

（3）减小消耗，降低成本。要注意发挥工厂原有的优势和潜力，充分利用现有的生产条件和设备；尽量缩短工艺准备时间并迅速投产，避免贵重稀缺材料的使用和消耗。

（4）提高生产率。在现有通用设备的基础上考虑成批生产的工艺时，工序宜分散，并配备足够的专用工艺装备；当采用高效机床、专用机床或数控机床时，工序宜集中，以提高生产效率，保证质量。应尽可能减少工件在车间内和车间之间的流动，必要时考虑引进先进、高效的工艺技术。

（5）确定机床和工艺装备。选择机床和工艺装备，其型号、规格、精度应与零件尺寸大小、精度、生产纲领和工厂的具体条件相适应。

在课程设计中，专用夹具、专用刀具和专用量具，统一采用以下代号编号方法：

D——刀具　　J——夹具　　L——量具　　C——车床　　X——铣床

Z——钻床　　B——刨床　　T——镗床　　M——磨床

专用工艺装备编号示例如下：

CJ—01　车床专用夹具 1 号　　　　ZD—02 钻床专用刀具 2 号

TL—01　镗床专用量具 1 号

（6）工艺方案的对比取舍。为保证质量的可靠性，应对各方案进行技术经济分析，对生产率和经济性（注意在什么情况下主要对比不同方案的工艺成本，在什么情况下主要对比不同方案的投资回收期）进行对比，最后综合对比结果，选择最优方案。

### 四、夹具设计中常易出现的错误

由于学生是第一次独立进行工艺规程编制及夹具设计，因而常常会发生一些结构设计方面的错误，现将它们以正误对照的形式列于表 1-4 中，以资借鉴。

表 1-4　夹具设计中易出现的错误示例

| 项　目 | 正 误 对 比 | | 简要说明 |
|---|---|---|---|
| | 错误的或不好的 | 正确的或好的 | |
| 定位销在夹具体上的定位与联接 | 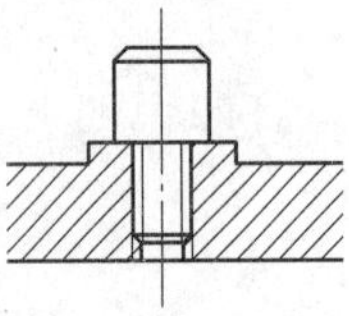 | 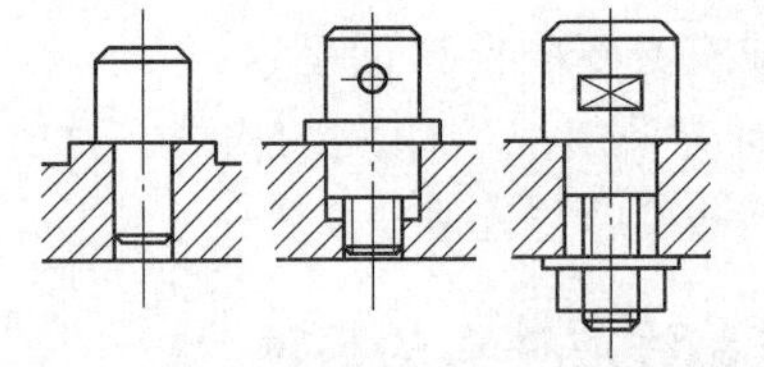 | 1. 定位销本身位置误差太大，因为螺纹不起定心作用<br>2. 带螺纹的销应有旋紧用的扳手孔或扳手平面 |
| 螺纹联接 | 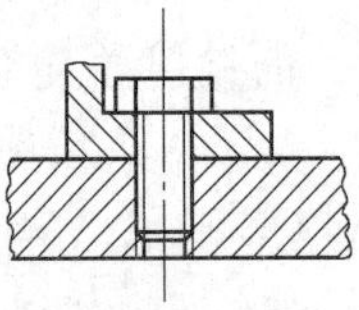 | 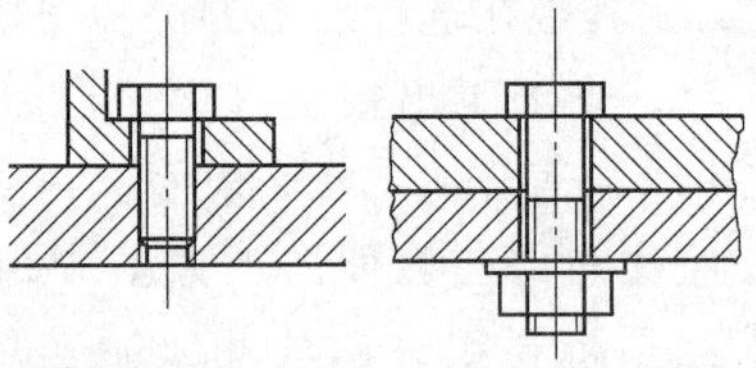 | 被联接件应为光孔。若两者都为螺纹，将无法拧紧 |
| 可调支承 | 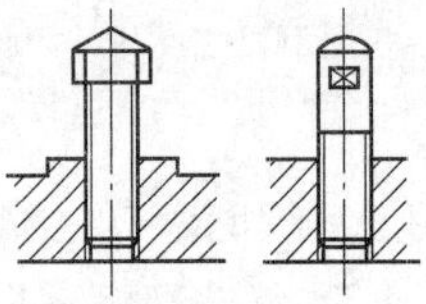 | 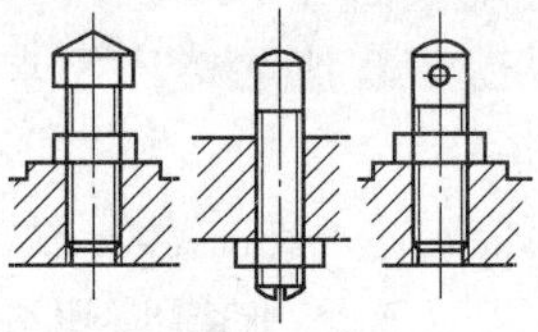 | 1. 应有锁紧螺母<br>2. 应有扳手孔（面）或一字槽（十字槽） |
| 工件安放 | 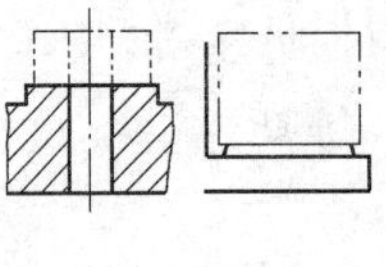 | 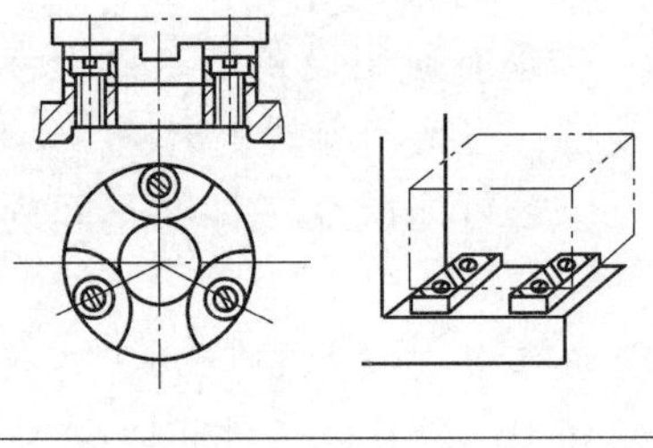 | 工件最好不要直接与夹具接触，应加支承板、支承垫圈等 |
| 机构自由度 | 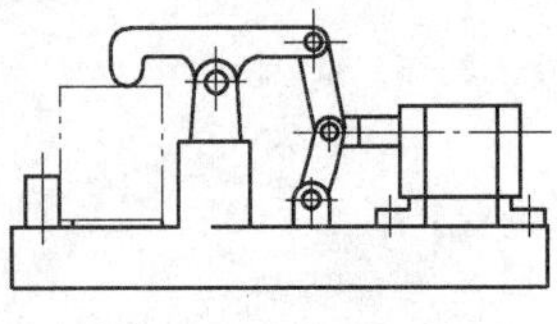 | 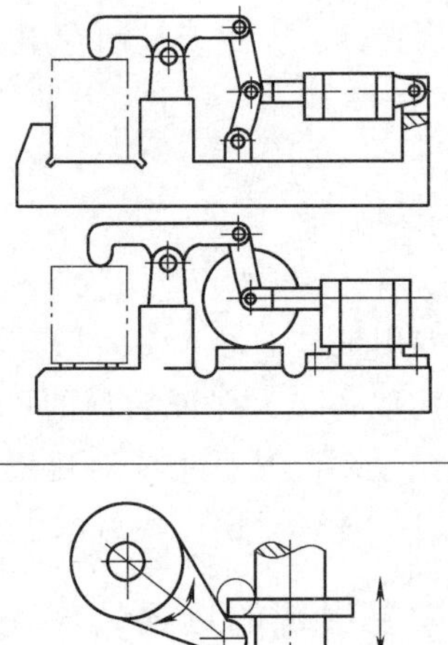 | 夹紧机构运动时不得发生干涉，应验算其自由度 $F \neq 0$<br>如左图：$F = 3 \times 4 - 2 \times 6 = 0$<br>右上图：$F = 3 \times 5 - 2 \times 7 = 1$<br>右下图：$F = 3 \times 3 - 2 \times 4 = 1$ |
| 考虑极限状态不卡死 | 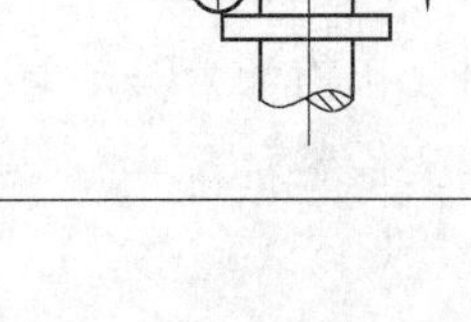 | 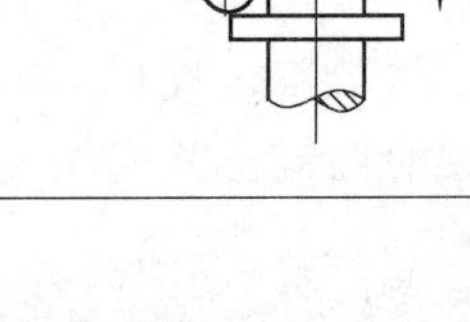 | 摆动零件动作过程中不应卡死，应检查极限位置 |

（续）

| 项 目 | 正 误 对 比 | | 简要说明 |
|---|---|---|---|
| | 错误的或不好的 | 正确的或好的 | |
| 联动机构的运动补偿 | | | 联动机构应操作灵活省力,不应发生干涉,可采用槽、长圆孔、高副等作为补偿环节 |
| 摆动压块 | | | 压杆应能装入,且当压杆上升时摆动压块不得脱落 |
| 可移动心轴 | | | 手轮转动时应保证心轴只移不转 |
| 移动V形架 | | | 1. V形架移动副应便于制造、调整和维修<br>2. 与夹具之间应避免大平面接触 |
| 耳孔方向 | 主轴方向 | 主轴方向 | 耳孔方向(即机床工作台T形槽方向)应与夹具在机床上安放及刀具(机床主轴)之间协调一致,不应相互矛盾 |
| 加强肋的设置 | F | F | 加强肋应尽量放在使之承受压应力的方向 |
| 铸造结构 | | | 夹具铸造应壁厚均匀 |
| 使用球面垫圈 | | | 螺杆与压板有可能倾斜受力时,应采用球面垫圈,以免螺纹产生附加弯曲应力而遭破坏 |
| 菱形销安装方向 | | | 菱形销长轴应处于两孔连心线垂直方向上 |

# 第四节 课程设计的进度安排与成绩考核

## 一、课程设计的时间安排

由于各个学校的教学计划不同，课程设计的时间安排也不尽一致，有的只进行工艺设计，则通常只安排1周时间；有的既进行工艺设计，又进行夹具设计，则一般以2~4周为宜。可根据专业学习的要求酌情安排时间。

## 二、课程设计的进度

课程设计的进度分为两种情况处理：

**1. 如果只进行工艺设计，则建议**

（1）熟悉零件图，准备各种资料，约占10%。

（2）绘制零件图和毛坯图，约占25%。

（3）制订工艺规程，约占40%。

（4）撰写说明书，约占25%。

**2. 如果既进行工艺设计，又进行夹具设计，则建议**

（1）熟悉零件图，准备各种资料，约占8%。

（2）绘制零件图和毛坯图，约占12%。

（3）制订工艺规程，约占15%。

（4）夹具设计，约占45%。

（5）撰写说明书，约占15%。

（6）答辩，约占5%。

学生应像在工厂接受实际设计任务一样，认真对待本次设计，在教师的指导下，根据自己的设计任务，合理安排好时间和进度，保证按时、按质、按量完成设计任务，培养一种良好的工作作风。

## 三、课程设计的成绩考核

学生在完成课程设计规定的全部设计任务，图样和说明书经指导教师审查签字后，在规定日期进行答辩（或质疑）。未经指导教师签字的设计，不能参加答辩。答辩小组通常由本教研室教师4~5人组成，高职院校最好能聘请1~2名校外工程师参加。设计者本人应首先对自己的设计进行8~10min的介绍和解说，然后回答答辩小组提出的相关问题。每个学生的答辩总时间一般为30~40min。

根据设计的工艺文件、图样和说明书质量，答辩时回答问题的状况，以及平时的工作态度、独立工作能力等诸方面的表现，由答辩小组讨论综合评定学生的成绩。设计成绩分优、良、中、及格和不及格五个档次。不及格者将另行安排时间补做。

# 机械制造工艺规程设计指导

## 第一节　机械加工工艺规程

### 一、工艺规程的作用

按一定的格式，用文件的方式规定零件制造工艺过程和操作方法等的工艺文件，称为机械加工工艺规程。

工艺规程是机械制造厂最主要的技术文件之一，是生产一线的法规性文件。新工艺是衡量生产部门技术力量的标志，是产品设计和技术革新的内容之一。工艺规程的主要作用是：

（1）指导生产的主要技术文件。以此保证质量，提高生产率，降低成本，减少消耗。

（2）组织和管理生产的基本依据。据此有计划地作好技术准备和生产准备，稳定生产秩序。

（3）新建和扩建工厂的基本资料。据此确定设备和人员等。

（4）交流和推广经验的基本文件。以此缩短摸索过程。

制订工艺规程时，必须遵循以下原则：

（1）保证产品质量。

（2）提高劳动生产率。

（3）降低成本。

（4）采用国内外先进工艺技术。

（5）保证良好的劳动条件。

### 二、工艺规程的格式

工艺规程文件通常分为以下几类：

（1）机械加工工艺过程卡。主要列出零件加工所经过的步骤。

（2）机械加工工艺卡。以工序为单位，详细说明零件的工艺过程。

（3）机械加工工序卡。用来具体指导生产的详细工艺文件。

其基本格式见表2-1、表2-2、表2-3。

表2-1 机械加工工艺过程卡

| 机械加工工艺过程卡 | | 产品型号 | | 零件图号 | | 第 页 |
|---|---|---|---|---|---|---|
| | | 产品名称 | | 零件名称 | | 共 页 |

| 工厂 | | | | | | |
|---|---|---|---|---|---|---|
| 材料牌号 | 毛坯种类 | 毛坯外形尺寸 | 每毛坯可制件数 | 每台件数 | | 备注 |

| 工序号 | 工序名称 | 工序内容 | 车间 | 工段 | 设备 | 工艺装备 | 工时 准终 | 工时 单件 |
|---|---|---|---|---|---|---|---|---|
| | | | | | | | | |
| | | | | | | | | |
| | | | | | | | | |
| | | | | | | | | |

| | | | | | 设计(日期) | 审核(日期) | 标准化(日期) | 会签(日期) |
|---|---|---|---|---|---|---|---|---|
| 标记 | 处数 | 更改文件号 | 签字 | 日期 | 标记 | 处数 | 更改文件号 | 签字 | 日期 | | | | |

描图

描校

底图号

装订号

表2-2 机械加工工艺卡

机械加工工艺卡

| 工厂 | | 产品型号 | | 零件图号 | | | 共 页 | 第 页 |
|---|---|---|---|---|---|---|---|---|
| | | 产品名称 | | 零件名称 | | | | |

| 材料牌号 | 毛坯种类 | 毛坯外形尺寸 | 每毛坯可制件数 | 每台件数 | 备注 | | |
|---|---|---|---|---|---|---|---|
| | | | | | | | |

| 工序 | 装夹 | 工序内容 | 同时加工零件数 | 背吃刀量 /mm | 切削用量 | | | | 设备名称编号 | 工艺装备名称及编号 | | | 技术等级 | 工时定额 | |
|---|---|---|---|---|---|---|---|---|---|---|---|---|---|---|---|
| | | | | | 切削速度 /(m·min⁻¹) | 每分钟转数或往返次数 | 进给量 /mm | | | 夹具 | 刀具 | 量具 | | 准终 | 单件 |
| | | | | | | | | | | | | | | | |
| | | | | | | | | | | | | | | | |
| | | | | | | | | | | | | | | | |
| | | | | | | | | | | | | | | | |
| | | | | | | | | | | | | | | | |
| | | | | | | | | | | | | | | | |
| | | | | | | | | | | | | | | | |
| | | | | | | | | | | | | | | | |

| | | | 设计（日期） | 审核（日期） | 标准化（日期） | 会签（日期） |
|---|---|---|---|---|---|---|
| 描图 | | | | | | |
| 描校 | | | | | | |
| 底图号 | | | | | | |
| 装订号 | | | | | | |
| 标记 | 处数 | 更改文件号 | 签字 | 日期 | 标记 | 处数 | 更改文件号 | 签字 | 日期 |

表2-3 机械加工工序卡

| 工厂 | 机械加工工序卡 | 产品型号 | | 零件图号 | | 共 页 | 第 页 |
|---|---|---|---|---|---|---|---|
| | | 产品名称 | | 零件名称 | | | |

| | 车间 | 工序号 | 工序名称 | 材料牌号 |
|---|---|---|---|---|
| | 毛坯种类 | 毛坯外形尺寸 | 每毛坯可制件数 | 每台件数 |
| | 设备名称 | 设备型号 | 设备编号 | 同时加工件数 |
| | 夹具编号 | 夹具名称 | | 切削液 |
| | 工位器具编号 | 工位器具名称 | | 工序工时 准终 / 单件 |

| 工步号 | 工步名称 | 工艺装备 | 主轴转速 / r·min⁻¹ | 切削速度 / m·min⁻¹ | 进给量 / mm | 背吃刀量 / mm | 进给次数 | 工时 机动 / 单件 |
|---|---|---|---|---|---|---|---|---|
| | | | | | | | | |
| | | | | | | | | |

| | | | | | 设计 (日期) | 审核 (日期) | 标准化 (日期) | 会签 (日期) |
|---|---|---|---|---|---|---|---|---|

描图

描校

底图号

装订号

| 标记 | 处数 | 更改文件号 | 签字 | 日期 | 标记 | 处数 | 更改文件号 | 签字 | 日期 |
|---|---|---|---|---|---|---|---|---|---|

## 第二节 机械加工工艺设计资料

### 一、典型表面的加工方案

表2-4、表2-5、表2-6分别列出了外圆表面、内孔和平面的加工方案，可供制订工艺规程时参考。

表2-4 外圆表面加工方案

| 序号 | 加工方案 | 标准公差等级 | 表面粗糙度 $Ra/\mu m$ | 适用范围 |
|---|---|---|---|---|
| 1 | 粗车 | IT11以下 | 50~12.5 | 适用于淬火钢以外的各种金属 |
| 2 | 粗车—半精车 | IT8~IT10 | 6.3~3.2 | |
| 3 | 粗车—半精车—精车 | IT7~IT8 | 1.6~0.8 | |
| 4 | 粗车—半精车—精车—滚压（或抛光） | IT6~IT7 | 0.2~0.025 | |
| 5 | 粗车—半精车—磨削 | IT7~IT8 | 0.8~0.4 | 主要用于淬火钢，也可用于未淬火钢，但不宜加工有色金属 |
| 6 | 粗车—半精车—粗磨—精磨 | IT6~IT7 | 0.4~0.1 | |
| 7 | 粗车—半精车—粗磨—精磨—超精加工（或轮式超精磨） | IT5 | 0.1~$Rz$0.1 | |
| 8 | 粗车—半精车—精车—金刚石车 | IT6~IT7 | 0.4~0.025 | 主要用于要求较高的有色金属加工 |
| 9 | 粗车—半精车—粗磨—精磨—超精磨或镜面磨 | IT5以上 | 0.025~$Rz$0.05 | 极高精度的外圆加工 |
| 10 | 粗车—半精车—粗磨—精磨—研磨 | IT5以上 | 0.1~$Rz$0.05 | |

表2-5 内孔加工方案

| 序号 | 加工方案 | 标准公差等级 | 表面粗糙度 $Ra/\mu m$ | 适用范围 |
|---|---|---|---|---|
| 1 | 钻 | IT11~IT12 | 12.5 | 加工未淬火钢及铸铁的实心毛坯，也可用于加工有色金属（但表面粗糙度稍大，孔径小于15~20mm） |
| 2 | 钻—铰 | IT9 | 3.2~1.6 | |
| 3 | 钻—铰—精铰 | IT7~IT8 | 1.6~0.8 | |
| 4 | 钻—扩 | IT10~IT11 | 12.5~6.3 | 同上，但孔径大于15~20mm |
| 5 | 钻—扩—铰 | IT8~IT9 | 3.2~1.6 | |
| 6 | 钻—扩—粗铰—精铰 | IT7 | 1.6~0.8 | |
| 7 | 钻—扩—机铰—手铰 | IT6~IT7 | 0.4~0.1 | |
| 8 | 钻—扩—拉 | IT7~IT9 | 1.6~0.1 | 大批大量生产（精度由拉刀的精度而定） |
| 9 | 粗镗（或扩孔） | IT11~IT12 | 12.5~6.3 | 除淬火钢外各种材料，毛坯有铸出孔或锻出孔 |
| 10 | 粗镗（粗扩）—半精镗（精扩） | IT8~IT9 | 3.2~1.6 | |
| 11 | 粗镗（扩）—半精镗（精扩）—精镗（铰） | IT7~IT8 | 1.6~0.8 | |

（续）

| 序号 | 加工方案 | 标准公差等级 | 表面粗糙度 Ra/μm | 适用范围 |
|------|----------|--------------|------------------|----------|
| 12 | 粗镗（扩）—半精镗（精扩）—精镗—浮动镗刀精镗 | IT6～IT7 | 0.8～0.4 | 除淬火钢外各种材料，毛坯有铸出孔或锻出孔 |
| 13 | 粗镗（扩）—半精镗—磨孔 | IT7～IT8 | 0.8～0.2 | 主要用于淬火钢，也可用于未淬火钢，但不宜用于有色金属 |
| 14 | 粗镗（扩）—半精镗—粗磨—精磨 | IT6～IT7 | 0.2～0.1 | |
| 15 | 粗镗—半精镗—精镗—金刚镗 | IT6～IT7 | 0.4～0.05 | 主要用于精度要求高的有色金属加工 |
| 16 | 钻—（扩）—粗铰—精铰—珩磨；钻—（扩）—拉—珩磨；粗镗—半精镗—精镗—珩磨 | IT6～IT7 | 0.2～0.025 | 精度要求很高的孔 |
| 17 | 以研磨代替上述方案中的珩磨 | IT6 级以上 | | |

**表 2-6  平面加工方案**

| 序号 | 加工方案 | 标准公差等级 | 表面粗糙度 Ra/μm | 适用范围 |
|------|----------|--------------|------------------|----------|
| 1 | 粗车—半精车 | IT9 | 6.3～3.2 | |
| 2 | 粗车—半精车—精车 | IT7～IT8 | 1.6～0.8 | 端面 |
| 3 | 粗车—半精车—磨削 | IT6～IT7 | 0.8～0.2 | |
| 4 | 粗刨（或粗铣）—精刨（或精铣） | IT8～IT9 | 6.3～1.6 | 一般不淬硬平面（面铣表面粗糙度较细） |
| 5 | 粗刨（或粗铣）—精刨（或精铣）—刮研 | IT6～IT7 | 0.8～0.1 | 粗度要求较高的不淬硬平面；批量较大时宜采用宽刃精刨方案 |
| 6 | 以宽刃刨削代替上述方案中的刮研 | IT7 | 0.8～0.2 | |
| 7 | 粗刨（或粗铣）—精刨（或精铣）—磨削 | IT7 | 0.8～0.2 | 精度要求高的淬硬平面或不淬硬平面 |
| 8 | 粗刨（或粗铣）—精刨（或精铣）—粗磨—精磨 | IT6～IT7 | 0.4～0.02 | |
| 9 | 粗铣—拉 | IT7～IT9 | 0.8～0.2 | 大量生产，较小的平面（精度视拉刀精度而定） |
| 10 | 粗铣—精铣—磨削—研磨 | IT6 级以上 | 0.1～Rz0.05 | 高精度平面 |

## 二、典型表面的加工精度

表 2-7、表 2-8、表 2-9 分别列出了外圆表面、内孔和平面的加工精度，可供制订工艺规程时参考。

表 2-7 外圆表面的加工精度

| 直径基本尺寸/mm | 车 | | | | | 磨 | | | | 研磨 | 用钢球或滚柱工具滚压 | | | |
|---|---|---|---|---|---|---|---|---|---|---|---|---|---|---|
| | 粗车 | 半精车或一次加工 | 精车 | | 一次加工 | 粗磨 | | 精磨 | | 研磨 | 用钢球或滚柱工具滚压 | | | |
| | IT12~IT13 | IT12~IT13 | IT11 | IT10 | IT8 | IT7 | IT8 | IT7 | IT6 | IT5 | IT10 | IT8 | IT7 | IT6 |
| | 加工的公差等级/μm | | | | | | | | | | | | | |
| 1~3 | 100~140 | 120 | 60 | 40 | 14 | 10 | 14 | 10 | 6 | 4 | 40 | 14 | 10 | 6 |
| >3~6 | 120~180 | 160 | 75 | 48 | 18 | 12 | 18 | 12 | 8 | 5 | 48 | 18 | 12 | 8 |
| >6~10 | 150~220 | 200 | 90 | 58 | 22 | 15 | 22 | 15 | 9 | 6 | 58 | 22 | 15 | 9 |
| >10~18 | 180~270 | 240 | 110 | 70 | 27 | 18 | 27 | 18 | 11 | 8 | 70 | 27 | 18 | 11 |
| >18~30 | 210~330 | 280 | 130 | 84 | 33 | 21 | 33 | 21 | 13 | 9 | 84 | 33 | 21 | 13 |
| >30~50 | 250~390 | 340 | 160 | 100 | 39 | 25 | 39 | 25 | 16 | 11 | 100 | 39 | 25 | 16 |
| >50~80 | 300~460 | 400 | 190 | 120 | 46 | 30 | 46 | 30 | 19 | 13 | 120 | 46 | 30 | 19 |
| >80~120 | 350~540 | 460 | 220 | 140 | 54 | 35 | 54 | 35 | 22 | 15 | 140 | 54 | 35 | 22 |
| >120~180 | 400~630 | 530 | 250 | 160 | 63 | 40 | 63 | 40 | 25 | 18 | 160 | 63 | 40 | 25 |
| >180~250 | 460~720 | 600 | 290 | 185 | 72 | 46 | 72 | 46 | 29 | 20 | 185 | 72 | 46 | 29 |
| >250~315 | 520~810 | 680 | 320 | 210 | 81 | 52 | 81 | 52 | 32 | 23 | 210 | 81 | 52 | 32 |
| >315~400 | 570~890 | 760 | 360 | 230 | 89 | 57 | 89 | 57 | 36 | 25 | 230 | 89 | 57 | 36 |
| >400~500 | 630~970 | 850 | 400 | 250 | 97 | 63 | 97 | 63 | 40 | 27 | 250 | 97 | 63 | 40 |

表 2-8 内孔的加工精度

| 孔径基本尺寸/mm | 钻孔 | | 扩孔 | | | | 铰孔 | | | | | | | | 拉孔 | | | | |
|---|---|---|---|---|---|---|---|---|---|---|---|---|---|---|---|---|---|---|---|
| | 无钻模 | 有钻模 | 粗扩 | 铸孔或锻孔的一次扩孔 | 精扩 | | 半精铰 | | 精铰 | | | 细铰 | | | 精拉铸孔或锻孔 | | 粗拉或钻孔后粗拉孔 | | |
| | IT12~IT13 | IT11 | IT12~IT13 | IT11 | IT12~IT13 | IT12~IT13 | IT11 | IT10 | IT11 | IT10 | IT9 | IT8 | IT7 | IT6 | IT7 | IT6 | IT11 | IT10 | IT9 |
| | 加工的公差等级/μm | | | | | | | | | | | | | | | | | | |
| 1~3 | — | 60 | — | 60 | — | — | — | — | — | — | — | — | — | — | — | — | — | — | — |
| >3~6 | — | 75 | — | 75 | — | — | 75 | — | — | 48 | 30 | 18 | 12 | 8 | — | — | — | — | — |
| >6~10 | — | 90 | — | 90 | — | — | 90 | — | — | 58 | 36 | 22 | 15 | 9 | — | — | — | — | — |
| >10~18 | 220 | — | — | 110 | 220 | — | 110 | 70 | 110 | 70 | 43 | 27 | 18 | 11 | — | — | — | — | 43 |
| >18~30 | 270 | — | — | 130 | 270 | — | 130 | 84 | 130 | 84 | 52 | 33 | 21 | — | — | — | — | — | 52 |
| >30~50 | 320 | — | 320 | — | 320 | 320 | 160 | 100 | 160 | 100 | 62 | 39 | 25 | — | — | — | 160 | 100 | 62 |
| >50~80 | — | — | — | 380 | 380 | — | 190 | 120 | 190 | 120 | 74 | 46 | 30 | — | — | — | 190 | 120 | 74 |
| >80~120 | — | — | — | 440 | 440 | — | 220 | 140 | 220 | 140 | 87 | 54 | 35 | — | — | — | 220 | 140 | 89 |
| >120~180 | — | — | — | — | — | — | 250 | 160 | — | — | 100 | 63 | 40 | — | — | — | 250 | 160 | 100 |
| >180~250 | — | — | — | — | — | — | 290 | 185 | — | — | 115 | 72 | 46 | — | — | — | — | — | — |
| >250~315 | — | — | — | — | — | — | 320 | 210 | — | — | 160 | 81 | 52 | — | — | — | — | — | — |
| >315~400 | — | — | — | — | — | — | — | — | — | — | — | — | — | — | — | — | — | — | — |

(续)

| 孔径基本尺寸/mm | 镗孔 | | | | | | | 磨孔 | | 研磨 | | | | 用钢球或挤压杆校正,用钢球或滚柱扩孔器挤扩孔 | | | |
|---|---|---|---|---|---|---|---|---|---|---|---|---|---|---|---|---|---|
| | 精镗 | 细镗(金刚镗) | 粗镗 | | 半精镗 | | | 粗磨 | 精磨 | | | | | | | | |
| 加工的公差等级/μm | IT8 | IT7 | IT12~IT13 | IT11 | IT10 | IT9 | IT8 | IT7 | IT6 | IT9 | IT8 | IT7 | IT6 | IT10 | IT9 | IT8 | IT7 |
| 1~3 | — | — | — | — | — | — | — | — | — | — | — | — | — | — | — | — | — |
| >3~6 | — | — | — | — | — | — | — | — | — | — | — | — | — | — | — | — | — |
| >6~10 | — | — | — | — | — | — | — | — | — | — | — | — | — | — | — | — | — |
| >10~18 | 27 | 18 | 220 | 110 | 70 | 43 | 27 | 18 | 11 | 43 | 27 | 18 | 11 | 70 | 43 | 27 | 18 |
| >18~30 | 33 | 21 | 270 | 130 | 84 | 52 | 33 | 21 | 13 | 52 | 33 | 21 | 13 | 84 | 52 | 33 | 21 |
| >30~50 | 39 | 25 | 320 | 160 | 100 | 62 | 39 | 25 | 16 | 62 | 39 | 25 | 16 | 100 | 62 | 39 | 52 |
| >50~80 | 46 | 30 | 380 | 190 | 120 | 74 | 46 | 30 | 19 | 74 | 46 | 30 | 19 | 120 | 74 | 46 | 30 |
| >80~120 | 54 | 35 | 440 | 220 | 140 | 87 | 54 | 35 | 22 | 87 | 54 | 35 | 22 | 140 | 87 | 54 | 35 |
| >120~180 | 63 | 40 | 510 | 250 | 160 | 100 | 63 | 40 | — | 100 | 63 | 40 | 25 | 160 | 100 | 63 | 40 |
| >180~250 | — | — | 590 | 290 | 185 | 115 | 72 | 46 | 29 | 115 | 72 | 46 | 29 | 185 | 115 | 72 | 46 |
| >250~315 | — | — | 660 | 320 | 210 | 130 | 81 | 52 | — | 130 | 81 | 52 | 32 | 210 | 130 | 81 | 52 |
| >315~400 | — | — | 730 | 360 | 230 | 140 | 89 | 57 | — | 140 | 89 | 57 | 36 | 230 | 140 | 89 | 57 |

注：1. 孔加工精度与工具的制造精度有关。

2. 用钢球或挤压杆校正适用于50mm以下的孔径。

### 表2-9　平面的加工精度

| 高或厚的基本尺寸/mm | 刨削,用圆柱铣刀及面铣刀铣削 | | | | | | | | | 拉削 | | | | | 磨削 | | | | | 研磨 | 用钢球或滚柱工具滚压 | | |
|---|---|---|---|---|---|---|---|---|---|---|---|---|---|---|---|---|---|---|---|---|---|---|---|
| | 粗 | 半精或一次加工 | 精 | 细 | | | | | | 粗拉 | | 精拉 | | | 一次加工 | | 粗磨 | 精磨 | 细磨 | | | | |
| 加工的公差等级/μm | IT14 | IT12~IT13 | IT11 | IT12~IT13 | IT11 | IT10 | IT8~IT9 | IT7 | IT6 | IT11 | IT10 | IT8~IT9 | IT7 | IT6 | IT8~IT9 | IT7 | IT8~IT9 | IT7 | IT6 | IT5 | IT10 | IT8~IT9 | IT7 |
| 10~18 | 430 | 220 | 110 | 220 | 110 | 70 | 35 | 18 | 11 | — | — | — | — | — | 35 | 18 | 35 | 18 | 11 | 8 | 70 | 35 | 18 |
| >18~30 | 520 | 270 | 130 | 270 | 130 | 84 | 45 | 21 | 13 | 130 | 84 | 45 | 21 | 13 | 45 | 21 | 45 | 21 | 13 | 9 | 84 | 45 | 21 |
| >30~50 | 620 | 320 | 160 | 320 | 160 | 100 | 50 | 25 | 16 | 160 | 100 | 50 | 25 | 16 | 50 | 25 | 50 | 25 | 16 | 11 | 100 | 50 | 25 |
| >50~80 | 710 | 380 | 190 | 380 | 190 | 120 | 60 | 30 | 19 | 190 | 120 | 60 | 30 | 19 | 60 | 30 | 60 | 30 | 19 | 13 | 120 | 60 | 30 |
| >80~120 | 870 | 440 | 220 | 440 | 220 | 140 | 70 | 35 | 22 | 220 | 140 | 70 | 35 | 22 | 70 | 35 | 70 | 35 | 22 | 15 | 140 | 70 | 35 |
| >120~180 | 1000 | 510 | 250 | 510 | 250 | 160 | 80 | 40 | 25 | 250 | 160 | 80 | 40 | 25 | 80 | 40 | 80 | 40 | 25 | 18 | 160 | 80 | 40 |
| >180~250 | 1150 | 590 | 290 | 590 | 290 | 185 | 90 | 46 | 29 | 290 | 185 | 90 | 46 | 29 | 90 | 46 | 90 | 46 | 29 | 20 | 185 | 90 | 46 |
| >250~315 | 1130 | 660 | 320 | 960 | 320 | 210 | 100 | 52 | 32 | — | — | — | — | — | 100 | 52 | 100 | 52 | 36 | 23 | 210 | 100 | 52 |
| >315~400 | 1400 | 730 | 360 | 730 | 360 | 230 | 120 | 57 | 36 | — | — | — | — | — | 120 | 57 | 120 | 57 | 40 | 25 | 230 | 120 | 57 |

注：1. 表内资料适用于尺寸小于1m、结构刚性好的零件加工,用光洁的加工表面作为定位基面和测量基面。

2. 在相同的条件下面铣刀铣削的加工精度大体上比圆柱铣刀铣削高一级。

3. 细加工仅用于面铣刀。

## 三、各种加工方法所能达到的表面粗糙度

表 2-10 列出了各种加工方法所能达到的表面粗糙度 $Ra$ 值，可供制订工艺规程时参考。

**表 2-10　各种加工方法所能达到的表面粗糙度 $Ra$ 值**

| 加工方法 | 表面粗糙度 $Ra/\mu m$ | 加工方法 | 表面粗糙度 $Ra/\mu m$ |
|---|---|---|---|
| 车削外圆:粗车 | >10 ~ 80 | 精珩 | >0.02 ~ 0.32 |
| 　　　半精车 | >1.25 ~ 10 | 超精加工:精 | >0.08 ~ 1.25 |
| 　　　精车 | >1.25 ~ 10 | 　　　细 | >0.04 ~ 0.16 |
| 　　　细车 | >0.16 ~ 1.25 | 　　　镜面的(两次加工) | >0.01 ~ 0.04 |
| 车削端面:粗车 | >5 ~ 20 | 抛光:精抛光 | >0.08 ~ 1.25 |
| 　　　半精车 | >2.5 ~ 10 | 　　　细(镜面的)抛光 | <0.01 ~ 0.16 |
| 　　　精车 | >1.25 ~ 10 | 　　　砂带抛光 | >0.08 ~ 0.32 |
| 　　　细车 | >0.32 ~ 1.25 | 　　　电抛光 | >0.01 ~ 2.5 |
| 车削割槽和切断: | | 研磨:粗研 | >0.16 ~ 0.63 |
| 　一次行程 | >10 ~ 20 | 　　　精研 | >0.04 ~ 0.32 |
| 　二次行程 | >2.5 ~ 10 | 　　　细研(光整加工) | >0.01 ~ 0.08 |
| 镗孔:粗镗 | >5 ~ 20 | 　　　铸铁 | >0.63 ~ 5 |
| 　　半精镗 | >2.5 ~ 10 | 　　　钢、轻合金 | >0.63 ~ 2.5 |
| 　　精镗 | >0.63 ~ 5 | 　　　黄铜、青铜 | >0.32 ~ 1.25 |
| 　　细镗 | >0.16 ~ 1.25 | 细铰:钢 | >0.16 ~ 1.25 |
| 　　(金刚镗床镗孔) | | 　　　轻合金 | >0.32 ~ 1.25 |
| 钻孔 | >1.25 ~ 20 | 　　　黄铜、青铜 | >0.08 ~ 0.32 |
| 扩孔: | | 铣削: | |
| 　粗扩(有毛面) | >5 ~ 20 | 圆柱铣刀:粗铣 | >2.5 ~ 20 |
| 　精扩 | >1.25 ~ 10 | 　　　精铣 | >0.63 ~ 5 |
| 锪孔,倒角 | >1.25 ~ 5 | 　　　细铣 | >0.32 ~ 1.25 |
| 铰孔: | | 面铣刀:粗铣 | >2.5 ~ 20 |
| 　一次铰孔:钢、黄铜 | >2.5 ~ 10 | 　　　精铣 | >0.32 ~ 5 |
| 　二次铰孔(精铰) | >1.25 ~ 10 | 面铣刀:细铣 | >0.16 ~ 1.25 |
| 插削 | >2.5 ~ 20 | 高速铣削:粗铣 | >0.63 ~ 2.5 |
| 拉削:精拉 | >0.32 ~ 2.5 | 　　　精铣 | >0.16 ~ 0.63 |
| 　　细拉 | >0.08 ~ 0.32 | 刨削: | |
| 推削:精推 | >0.16 ~ 1.25 | 　　　粗刨 | >5 ~ 20 |
| 　　细推 | >0.02 ~ 0.63 | 　　　精刨 | >1.25 ~ 10 |
| 外圆及内圆磨削: | | 　　　细刨(光整加工) | >0.16 ~ 1.25 |
| 　　　半精磨(一次加工) | >0.63 ~ 10 | 　　　槽的表面 | >2.5 ~ 10 |
| 　　　精磨 | >0.16 ~ 1.25 | 　　　手工研磨 | <0.01 ~ 1.25 |
| 　　　细磨 | >0.08 ~ 0.32 | 　　　机械研磨 | >0.08 ~ 0.32 |
| 　　　镜面磨削 | >0.01 ~ 0.08 | 砂布抛光(无润滑油): | |
| 平面磨削:精磨 | >0.16 ~ 5 | 工件原始的表 | |
| 　　　细磨 | >0.08 ~ 0.32 | 面粗糙度 $Ra/\mu m$　　砂布粒度 | |
| 珩磨:粗珩(一次加工) | >0.16 ~ 1.25 | 5 ~ 80　　　　　　24 | >0.63 ~ 2.5 |

（续）

| 加工方法 | | 表面粗糙度 Ra/μm | 加工方法 | 表面粗糙度 Ra/μm |
|---|---|---|---|---|
| 2.5~80 | 36 | >0.63~1.25 | 钳工锉削 | >0.63~20 |
| 1.25~5 | 60 | >0.32~0.63 | 刮研:点数/cm² | |
| 1.25~5 | 80 | >0.16~0.63 | 1~2 | >0.32~1.25 |
| 1.25~2.5 | 100 | >0.16~0.32 | 2~3 | >0.16~0.62 |
| 0.63~2.5 | 140 | >0.08~0.32 | 3~4 | >0.08~0.32 |
| 0.63~1.25 | 180~250 | >0.08~0.16 | 4~5 | >0.04~0.16 |

## 四、加工余量及尺寸偏差

表2-11~表2-18分别列出了几种主要的加工余量，可供制订工艺规程时参考。

表2-11　铸铁件的机械加工余量　　　　　　　（单位：mm）

| 铸件最大尺寸 | 浇注时位置 | 基本尺寸 | | | | | | | | | | | | | | | | |
|---|---|---|---|---|---|---|---|---|---|---|---|---|---|---|---|---|---|---|
| | | 1级精度 | | | | | | 2级精度 | | | | | | 3级精度 | | | | |
| | | ≤50 | >50~120 | >120~260 | >260~500 | >500~800 | >800~1250 | ≤50 | >50~120 | >120~260 | >260~500 | >500~800 | >800~1250 | ≤120 | >120~260 | >260~500 | >500~800 | >800~1250 |
| ≤120 | 顶面、底面及侧面 | 2.5/2 | 2.5/2 | | | | | | 3.5/2.5 | 4.0/3.0 | | | | 4.5/3.5 | | | | |
| 120~260 | 顶面、底面及侧面 | 2.5/2 | 3.0/2.5 | 3.0/2.5 | | | | | 4.0/3.0 | 4.5/3.5 | 5.0/4.0 | | | 5.0/4.0 | 5.5/4.5 | | | |
| 260~500 | 顶面、底面及侧面 | 3.5/2.5 | 3.5/3.0 | 4.0/3.5 | 4.5/3.5 | | | | 4.5/3.5 | 5.0/4.0 | 6.0/4.5 | 6.5/5.0 | | 6.0/4.5 | 7.0/5.0 | 7.0/6.0 | | |
| 500~800 | 顶面、底面及侧面 | 4.5/3.5 | 4.5/3.5 | 5.0/4.0 | 5.5/4.5 | 5.5/4.5 | | 5.0/4.0 | 6.0/4.5 | 6.5/4.5 | 7.0/5.0 | 7.5/5.5 | | 7.0/5.0 | 7.0/5.0 | 8.0/6.0 | 9.0/7.0 | |
| 800~1250 | 顶面、底面及侧面 | 5.0/3.5 | 5.0/4.0 | 6.0/4.5 | 6.5/4.5 | 7.0/5.0 | 7.0/5.0 | 6.0/4.0 | 7.0/4.5 | 7.0/5.0 | 7.5/5.5 | 8.0/5.5 | 8.5/6.5 | 8.0/5.5 | 8.0/6.0 | 9.0/6.0 | 10.0/7.0 | /7.5 |

表2-12　铸铁件的尺寸偏差　　　　　　　（单位：mm）

| 铸件最大尺寸 | 基本尺寸 | | | | | | | | | | | | | | | | | |
|---|---|---|---|---|---|---|---|---|---|---|---|---|---|---|---|---|---|---|
| | 1级精度 | | | | | | 2级精度 | | | | | | 3级精度 | | | | | |
| | ≤50 | >50~120 | >120~260 | >260~500 | >500~800 | >800~1250 | ≤50 | >50~120 | >120~260 | >260~500 | >500~800 | >800~1250 | ≤50 | >50~120 | >120~260 | >260~500 | >500~800 | >800~1250 |
| ≤120 | ±0.2 | ±0.3 | | | | | ±0.5 | ±0.8 | ±1.0 | | | | ±1.0 | ±1.5 | ±2.0 | ±2.5 | | |
| >120~260 | ±0.3 | ±0.4 | ±0.6 | | | | | | | | | | | | | | | |
| >260~500 | ±0.4 | ±0.6 | ±0.8 | ±1.0 | | | ±0.8 | ±1.0 | ±1.2 | ±1.5 | | | | | | | | |
| >500~1250 | ±0.6 | ±0.8 | ±1.0 | ±1.2 | ±1.4 | ±1.6 | ±1.0 | ±1.2 | ±1.5 | ±2.0 | ±2.5 | ±3.0 | ±1.2 | ±1.8 | ±2.2 | ±3.0 | ±4.0 | ±5.0 |

表 2-13 模锻件单面加工余量 （单位：mm）

| 模锻件最大边长 | | 材料 | 钢 和 钛 | 铝、镁和铜 |
|---|---|---|---|---|
| 大于 | 至 | | 单面加工余量 | |
| 0 | 50 | | 1.5 | 1.0 |
| 50 | 80 | | 1.5 | 1.5 |
| 80 | 120 | | 2.0 | 1.5 |
| 120 | 180 | | 2.0 | 2.0 |
| 180 | 250 | | 2.5 | 2.0 |
| 250 | 315 | | 2.5 | 2.5 |
| 315 | 400 | | 3.0 | 2.5 |
| 400 | 500 | | 3.0 | 3.0 |
| 500 | 630 | | 3.0 | 3.0 |
| 630 | 800 | | 3.5 | 3.5 |

表 2-14 平面加工余量 （单位：mm）

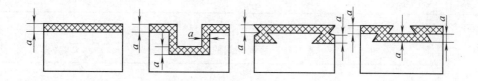

| 加工性质 | 加工表面长度 | 加工表面宽度 | | | | | |
|---|---|---|---|---|---|---|---|
| | | ≤100 | | >100 ~ 300 | | >300 ~ 1000 | |
| | | 余量 $a$ | 公差（+） | 余量 $a$ | 公差（+） | 余量 $a$ | 公差（+） |
| 粗加工后精刨或精铣 | ≤300 | 1.0 | 0.3 | 1.5 | 0.5 | 2.0 | 0.7 |
| | >300 ~ 1000 | 1.5 | 0.5 | 2.0 | 0.7 | 2.5 | 1.0 |
| | >1000 ~ 2000 | 2.0 | 0.7 | 2.5 | 1.2 | 3.0 | 1.2 |
| 精加工后磨削，零件安装时未经校准 | ≤300 | 0.3 | 0.10 | 0.4 | 0.12 | — | — |
| | >300 ~ 1000 | 0.4 | 0.12 | 0.5 | 0.15 | 0.6 | 0.15 |
| | >1000 ~ 2000 | 0.5 | 0.15 | 0.6 | 0.15 | 0.7 | 0.15 |
| 精加工后粗磨，零件安装在夹具中或用千分表校准 | ≤300 | 0.20 | 0.10 | 0.25 | 0.12 | — | — |
| | >300 ~ 1000 | 0.25 | 0.12 | 0.30 | 0.15 | 0.4 | 0.15 |
| | >1000 ~ 2000 | 0.30 | 0.15 | 0.40 | 0.15 | 0.4 | 0.15 |
| 刮 | ≤300 | 0.15 | 0.06 | 0.15 | 0.06 | 0.20 | 0.10 |
| | >300 ~ 1000 | 0.20 | 0.10 | 0.20 | 0.10 | 0.25 | 0.12 |
| | >1000 ~ 2000 | 0.25 | 0.12 | 0.25 | 0.12 | 0.30 | 0.15 |

注：1. 表中数值为每一加工表面的加工余量。

2. 当精刨或精铣时，最后一次行程前留的余量应不小于 0.5mm。

3. 热处理的零件磨前的加工余量需将表中数值乘以 1.2。

表 2-15　粗车及半精车外圆的加工余量　　　　　　　　（单位：mm）

| 零件基本尺寸 | 直径的余量 | | | | | | 所有长度的直径公差 | |
| --- | --- | --- | --- | --- | --- | --- | --- | --- |
| | 经过热处理与未经热处理零件的粗车 | | 半　精　车 | | | | 荒车 | 粗车 |
| | | | 未经热处理 | | 经热处理 | | | |
| | 长　　度 | | | | | | （h14） | （h12～h13） |
| | ≤200 | >200～400 | ≤200 | >200～400 | ≤200 | >200～400 | | |
| 3～6 | — | — | 0.5 | — | 0.8 | — | −0.30 | −0.12～−0.18 |
| >6～10 | 1.5 | 1.7 | 0.8 | 1.0 | 1.0 | 1.3 | −0.36 | −0.15～−0.22 |
| >10～18 | 1.5 | 1.7 | 1.0 | 1.3 | 1.3 | 1.5 | −0.43 | −0.18～−0.27 |
| >18～30 | 2.0 | 2.2 | 1.3 | 1.3 | 1.3 | 1.5 | −0.52 | −0.21～−0.33 |
| >30～50 | 2.0 | 2.2 | 1.4 | 1.5 | 1.5 | 1.9 | −0.62 | −0.25～−0.39 |
| >50～80 | 2.3 | 2.5 | 1.5 | 1.8 | 1.8 | 2.0 | −0.74 | −0.30～−0.46 |
| >80～120 | 2.5 | 2.8 | 1.5 | 1.8 | 1.8 | 2.0 | −0.87 | −0.35～−0.54 |
| >120～180 | 2.5 | 2.8 | 1.8 | 2.0 | 2.0 | 2.3 | −1.00 | −0.40～−0.63 |
| >180～250 | 2.8 | 3.0 | 2.0 | 2.3 | 2.3 | 2.5 | −1.15 | −0.46～−0.72 |
| >250～315 | 3.0 | 3.3 | 2.0 | 2.3 | 2.3 | 2.5 | −1.30 | −0.52～−0.81 |

注：加工带凸台的零件时，其加工余量要根据零件的全长和最大直径来确定。

表 2-16　磨削外圆的加工余量　　　　　　　　（单位：mm）

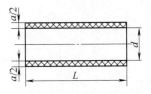

| 轴的直径 $d$ | 磨削性质 | 轴的性质 | 轴的长度 $L$ | | | | | | 磨前加工的公差等级 |
| --- | --- | --- | --- | --- | --- | --- | --- | --- | --- |
| | | | ≤100 | >100～250 | >250～500 | >500～800 | >800～1200 | >1200～2000 | |
| | | | 直径余量 | | | | | | |
| ≤10 | 中心磨 | 未淬硬 | 0.2 | 0.2 | 0.3 | — | — | — | |
| | | 淬硬 | 0.3 | 0.3 | 0.4 | — | — | — | |
| | 无心磨 | 未淬硬 | 0.2 | 0.2 | 0.2 | — | — | — | |
| | | 淬硬 | 0.3 | 0.3 | 0.4 | — | — | — | IT11 |
| >10～18 | 中心磨 | 未淬硬 | 0.2 | 0.3 | 0.3 | 0.3 | — | — | |
| | | 淬硬 | 0.3 | 0.3 | 0.4 | 0.5 | — | — | |
| | 无心磨 | 未淬硬 | 0.2 | 0.2 | 0.2 | 0.3 | — | — | |
| | | 淬硬 | 0.3 | 0.3 | 0.4 | 0.5 | — | — | |

（续）

| 轴的直径 $d$ | 磨削性质 | 轴的性质 | 轴的长度 $L$ | | | | | | 磨前加工的公差等级 |
|---|---|---|---|---|---|---|---|---|---|
| | | | ≤100 | >100~250 | >250~500 | >500~800 | >800~1200 | >1200~2000 | |
| | | | 直径余量 | | | | | | |
| >18~30 | 中心磨 | 未淬硬 | 0.3 | 0.3 | 0.3 | 0.4 | 0.4 | — | |
| | | 淬硬 | 0.3 | 0.4 | 0.4 | 0.5 | 0.6 | — | |
| | 无心磨 | 未淬硬 | 0.3 | 0.3 | 0.3 | 0.3 | — | — | |
| | | 淬硬 | 0.3 | 0.4 | 0.4 | 0.5 | — | — | |
| >30~50 | 中心磨 | 未淬硬 | 0.3 | 0.3 | 0.3 | 0.5 | 0.6 | 0.6 | |
| | | 淬硬 | 0.4 | 0.4 | 0.5 | 0.6 | 0.7 | 0.7 | |
| | 无心磨 | 未淬硬 | 0.3 | 0.3 | 0.3 | 0.4 | — | — | |
| | | 淬硬 | 0.4 | 0.4 | 0.5 | 0.5 | — | — | |
| >50~80 | 中心磨 | 未淬硬 | 0.3 | 0.4 | 0.4 | 0.5 | 0.6 | 0.7 | |
| | | 淬硬 | 0.4 | 0.5 | 0.5 | 0.6 | 0.8 | 0.9 | |
| | 无心磨 | 未淬硬 | 0.3 | 0.3 | 0.3 | 0.4 | — | — | |
| | | 淬硬 | 0.4 | 0.5 | 0.5 | 0.6 | — | — | |
| >80~120 | 中心磨 | 未淬硬 | 0.4 | 0.4 | 0.5 | 0.5 | 0.6 | 0.7 | IT11 |
| | | 淬硬 | 0.5 | 0.5 | 0.6 | 0.6 | 0.8 | 0.9 | |
| | 无心磨 | 未淬硬 | 0.4 | 0.4 | 0.4 | 0.5 | — | — | |
| | | 淬硬 | 0.5 | 0.5 | 0.6 | 0.7 | — | — | |
| >120~180 | 中心磨 | 未淬硬 | 0.5 | 0.5 | 0.6 | 0.6 | 0.7 | 0.8 | |
| | | 淬硬 | 0.5 | 0.6 | 0.7 | 0.8 | 0.9 | 1.0 | |
| | 无心磨 | 未淬硬 | 0.5 | 0.5 | 0.5 | 0.5 | — | — | |
| | | 淬硬 | 0.5 | 0.6 | 0.7 | 0.8 | — | — | |
| >180~260 | 中心磨 | 未淬硬 | 0.5 | 0.6 | 0.6 | 0.7 | 0.8 | 0.9 | |
| | | 淬硬 | 0.6 | 0.7 | 0.7 | 0.8 | 0.9 | 1.1 | |
| >260~360 | 中心磨 | 未淬硬 | 0.6 | 0.6 | 0.7 | 0.7 | 0.8 | 0.9 | |
| | | 淬硬 | 0.7 | 0.7 | 0.8 | 0.9 | 1.0 | 1.1 | |
| >360~500 | 中心磨 | 未淬硬 | 0.7 | 0.7 | 0.8 | 0.8 | 0.9 | 1.0 | |
| | | 淬硬 | 0.8 | 0.8 | 0.9 | 0.9 | 1.0 | 1.2 | |

注：1. 单件、小批生产时，本表的余量值应乘以系数 1.2，并取一位小数。

2. 决定加工余量用的轴的长度计算，可参阅《金属机械加工工艺人员手册》。

表 2-17　按照孔公差 H7 加工的工序间尺寸　　　　　　　（单位：mm）

| 加工孔的直径 | 直　径 | | | | | |
|---|---|---|---|---|---|---|
| | 钻 | | 用车刀镗以后 | 扩孔钻 | 粗　铰 | 精　铰 |
| | 第1次 | 第2次 | | | | |
| 3 | 2.9 | | | | | 3H7 |
| 4 | 3.9 | | | | | 4H7 |
| 5 | 4.8 | | | | | 5H7 |
| 6 | 5.8 | | | | | 6H7 |
| 8 | 7.8 | | | | 7.96 | 8H7 |
| 10 | 9.8 | | | | 9.96 | 10H7 |
| 12 | 11.0 | | | 11.85 | 11.95 | 12H7 |
| 13 | 12.0 | | | 12.85 | 12.95 | 13H7 |
| 14 | 13.0 | | | 13.85 | 13.95 | 14H7 |
| 15 | 14.0 | | | 14.85 | 14.95 | 15H7 |
| 16 | 15.0 | | | 15.85 | 15.95 | 16H7 |
| 18 | 17.0 | | | 17.85 | 17.94 | 18H7 |
| 20 | 18.0 | | 19.8 | 19.8 | 19.94 | 20H7 |
| 22 | 20.0 | | 21.8 | 21.8 | 21.94 | 22H7 |
| 24 | 22.0 | | 23.8 | 23.8 | 23.94 | 24H7 |
| 25 | 23.0 | | 24.8 | 24.8 | 24.94 | 25H7 |
| 26 | 24.0 | | 25.8 | 25.8 | 25.94 | 26H7 |
| 28 | 26.0 | | 27.8 | 27.8 | 27.94 | 28H7 |
| 30 | 15.0 | 28 | 29.8 | 29.8 | 29.93 | 30H7 |
| 32 | 15.0 | 30.0 | 31.7 | 31.75 | 31.93 | 32H7 |
| 35 | 20.0 | 33.0 | 34.7 | 34.75 | 34.93 | 35H7 |
| 38 | 20.0 | 36.0 | 37.7 | 37.75 | 37.93 | 38H7 |
| 40 | 25.0 | 38.0 | 39.7 | 39.75 | 39.93 | 40H7 |
| 42 | 25.0 | 40.0 | 41.7 | 41.75 | 41.93 | 42H7 |
| 45 | 25.0 | 43.0 | 44.7 | 44.75 | 44.93 | 45H7 |
| 48 | 25.0 | 46.0 | 47.7 | 47.75 | 47.93 | 48H7 |
| 50 | 25.0 | 48.0 | 49.7 | 49.75 | 49.93 | 50H7 |
| 60 | 39.0 | 55.0 | 59.5 | 59.5 | 59.9 | 60H7 |
| 70 | 30.0 | 65.0 | 69.5 | 69.5 | 69.9 | 70H7 |
| 80 | 30.0 | 75.0 | 79.5 | 79.5 | 79.9 | 80H7 |
| 90 | 30.0 | 80.0 | 89.3 | — | 89.8 | 90H7 |
| 100 | 30.0 | 80.0 | 99.3 | — | 99.8 | 100H7 |
| 120 | 30.0 | 80.0 | 119.3 | — | 119.8 | 120H7 |
| 140 | 30.0 | 80.0 | 139.3 | — | 139.8 | 140H7 |
| 160 | 30.0 | 80.0 | 159.3 | — | 159.8 | 160H7 |
| 180 | 30.0 | 80.0 | 179.3 | — | 179.8 | 180H7 |

注：在铸铁上加工直径小于 φ15mm 的孔时，不用扩孔钻扩孔。

表 **2-18** 磨孔的加工余量　　　　　　　　　　　　（单位：mm）

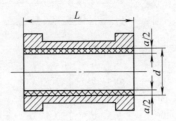

| 孔的直径 d | 零件性质 | 磨孔的长度 L | | | | | 磨前加工的公差等级 |
|---|---|---|---|---|---|---|---|
| | | ≤50 | >50~100 | >100~200 | ≥200~300 | >300~500 | |
| | | 直径余量 a | | | | | |
| ≤10 | 未淬硬 | 0.2 | | | | | |
| | 淬 硬 | 0.2 | | | | | |
| >10~18 | 未淬硬 | 0.2 | 0.3 | | | | |
| | 淬 硬 | 0.3 | 0.4 | | | | |
| >18~30 | 未淬硬 | 0.3 | 0.3 | 0.4 | | | |
| | 淬 硬 | 0.3 | 0.4 | 0.4 | | | |
| >30~40 | 未淬硬 | 0.3 | 0.3 | 0.4 | 0.4 | | |
| | 淬 硬 | 0.4 | 0.4 | 0.4 | 0.5 | | |
| >40~80 | 未淬硬 | 0.4 | 0.4 | 0.4 | 0.4 | | |
| | 淬 硬 | 0.4 | 0.5 | 0.5 | 0.5 | | |
| >80~120 | 未淬硬 | 0.5 | 0.5 | 0.5 | 0.5 | 0.6 | IT11 |
| | 淬 硬 | 0.5 | 0.5 | 0.5 | 0.6 | 0.7 | |
| >120~180 | 未淬硬 | 0.6 | 0.6 | 0.6 | 0.6 | 0.6 | |
| | 淬 硬 | 0.6 | 0.6 | 0.6 | 0.6 | 0.7 | |
| >180~260 | 未淬硬 | 0.6 | 0.6 | 0.7 | 0.7 | 0.7 | |
| | 淬 硬 | 0.7 | 0.7 | 0.7 | 0.7 | 0.8 | |
| >260~360 | 未淬硬 | 0.7 | 0.7 | 0.7 | 0.8 | 0.8 | |
| | 淬 硬 | 0.7 | 0.8 | 0.8 | 0.8 | 0.9 | |
| >360~500 | 未淬硬 | 0.8 | 0.8 | 0.8 | 0.8 | 0.8 | |
| | 淬 硬 | 0.8 | 0.8 | 0.8 | 0.9 | 0.9 | |

注：1. 当加工在热处理时容易变形的薄的轴套时，应将表中的加工余量乘以1.3。

　　2. 单件、小批生产时，本表数值应乘以1.3，并取1位小数。

## 五、切削用量的选择

表2-19~表2-23分别列出了几种主要工艺的切削用量，供制订工艺规程时参考。

表 2-19 硬质合金车刀粗车外圆及端面的进给量

| 工件材料 | 车刀刀杆尺寸 /mm | 工件直径 /mm | 背吃刀量 $a_p$/mm | | | | |
|---|---|---|---|---|---|---|---|
| | | | ≤3 | >3 ~ 5 | >5 ~ 8 | >8 ~ 12 | >12 |
| | | | 进给量 $f$/(mm·r$^{-1}$) | | | | |
| 碳素结构钢、合金结构钢及耐热钢 | 16 × 25 | 20 | 0.3 ~ 0.4 | — | — | — | — |
| | | 40 | 0.4 ~ 0.5 | 0.3 ~ 0.4 | — | — | — |
| | | 60 | 0.5 ~ 0.7 | 0.4 ~ 0.6 | 0.3 ~ 0.5 | — | — |
| | | 100 | 0.6 ~ 0.9 | 0.5 ~ 0.7 | 0.5 ~ 0.6 | 0.4 ~ 0.5 | — |
| | | 400 | 0.8 ~ 1.2 | 0.7 ~ 1.0 | 0.6 ~ 0.8 | 0.5 ~ 0.6 | |
| | 20 × 30 25 × 25 | 20 | 0.3 ~ 0.4 | — | — | — | — |
| | | 40 | 0.4 ~ 0.5 | 0.3 ~ 0.4 | — | — | — |
| | | 60 | 0.6 ~ 0.7 | 0.5 ~ 0.7 | 0.4 ~ 0.6 | — | — |
| | | 100 | 0.8 ~ 1.0 | 0.7 ~ 0.9 | 0.5 ~ 0.7 | 0.4 ~ 0.7 | — |
| | | 400 | 1.2 ~ 1.4 | 1.0 ~ 1.2 | 0.8 ~ 1.0 | 0.6 ~ 0.9 | 1.4 ~ 0.6 |
| 铸铁及铜合金 | 16 × 25 | 40 | 0.4 ~ 0.5 | — | — | — | — |
| | | 60 | 0.6 ~ 0.8 | 0.5 ~ 0.8 | 0.4 ~ 0.6 | — | — |
| | | 100 | 0.8 ~ 1.2 | 0.7 ~ 1.0 | 0.6 ~ 0.8 | 0.5 ~ 0.7 | — |
| | | 400 | 1.0 ~ 1.4 | 1.0 ~ 1.2 | 0.8 ~ 1.0 | 0.6 ~ 0.8 | — |
| | 20 × 30 25 × 25 | 40 | 0.4 ~ 0.5 | — | — | — | — |
| | | 60 | 0.6 ~ 0.9 | 0.5 ~ 0.8 | 0.4 ~ 0.7 | — | — |
| | | 100 | 0.9 ~ 1.3 | 0.8 ~ 1.2 | 0.7 ~ 1.0 | 0.5 ~ 0.8 | — |
| | | 400 | 1.2 ~ 1.8 | 1.2 ~ 1.6 | 1.0 ~ 1.3 | 0.9 ~ 1.1 | 0.7 ~ 0.9 |

注：加工断续表面及有冲击的工件时，表内进给量应乘系数 $k = 0.75 \sim 0.85$。

表 2-20 车削加工的切削速度参考值

| 加工材料 | | 硬度 HBW | 背吃刀量 $a_p$ /mm | 高速钢刀具 | | 硬质合金刀具 | | | | | | | 陶瓷(超硬材料)刀具 | | 说明 |
|---|---|---|---|---|---|---|---|---|---|---|---|---|---|---|---|
| | | | | | | 未 涂 层 | | | | 涂 层 | | | | | |
| | | | | $v_c$ /(m·min$^{-1}$) | $f$/(mm·r$^{-1}$) | $v_c$/(m·min$^{-1}$) | | $f$ /(mm·r$^{-1}$) | 材料 | $v_c$ /(m·min$^{-1}$) | $f$/(mm·r$^{-1}$) | $v_c$/(m·min$^{-1}$) | $f$/(mm·r$^{-1}$) | | |
| | | | | | | 焊接式 | 可转位 | | | | | | | |
| 易切碳钢 | 低碳 | 100 ~ 200 | 1 | 55 ~ 90 | 0.18 ~ 0.2 | 185 ~ 240 | 220 ~ 275 | 0.18 | YT15 | 320 ~ 410 | 0.18 | 550 ~ 700 | 0.13 | 切削条件较好时可用冷压 $Al_2O_3$ 陶瓷,切削条件较差时宜用 $Al_2O_3$ + TiC 热压混合陶瓷 |
| | | | 4 | 41 ~ 70 | 0.40 | 135 ~ 185 | 160 ~ 215 | 0.50 | YT14 | 215 ~ 275 | 0.40 | 425 ~ 580 | 0.25 | |
| | | | 8 | 34 ~ 55 | 0.50 | 110 ~ 145 | 130 ~ 170 | 0.75 | YT5 | 170 ~ 220 | 0.50 | 335 ~ 490 | 0.40 | |
| | 中碳 | 175 ~ 225 | 1 | 52 | 0.20 | 165 | 200 | 0.18 | YT15 | 305 | 0.18 | 520 | 0.13 | |
| | | | 4 | 40 | 0.40 | 125 | 150 | 0.50 | YT14 | 200 | 0.40 | 395 | 0.25 | |
| | | | 8 | 30 | 0.50 | 100 | 120 | 0.75 | YT5 | 160 | 0.50 | 305 | 0.40 | |
| 碳钢 | 低碳 | 125 ~ 225 | 1 | 43 ~ 46 | 0.18 | 140 ~ 150 | 170 ~ 195 | 0.18 | YT15 | 260 ~ 290 | 0.18 | 520 ~ 580 | 0.13 | |
| | | | 4 | 33 ~ 34 | 0.40 | 115 ~ 125 | 135 ~ 150 | 0.50 | YT14 | 170 ~ 190 | 0.40 | 365 ~ 425 | 0.25 | |
| | | | 8 | 27 ~ 30 | 0.50 | 88 ~ 100 | 105 ~ 120 | 0.75 | YT5 | 135 ~ 150 | 0.50 | 275 ~ 365 | 0.40 | |

（续）

| 加工材料 | | 硬度 HBW | 背吃刀量 $a_p$ /mm | 高速钢刀具 | | 硬质合金刀具 | | | | | | | | 陶瓷(超硬材料)刀具 | | 说　明 |
|---|---|---|---|---|---|---|---|---|---|---|---|---|---|---|---|---|
| | | | | | | 未 涂 层 | | | | 涂 层 | | | | | | |
| | | | | $v_c$ /(m· min$^{-1}$) | $f$/ (mm·r$^{-1}$) | $v_c$/(m·min$^{-1}$) | | $f$ /(mm·r$^{-1}$) | 材料 | $v_c$/(m· min$^{-1}$) | $f$/ (mm· r$^{-1}$) | | | $v_c$/(m· min$^{-1}$) | $f$/(mm ·r$^{-1}$) | |
| | | | | | | 焊接式 | 可转位 | | | | | | | | | |
| 碳钢 | 中碳 | 175 ~ 275 | 1 4 8 | 34 ~ 40 23 ~ 30 20 ~ 26 | 0.18 0.40 0.50 | 115 ~ 130 90 ~ 100 70 ~ 78 | 150 ~ 160 115 ~ 125 90 ~ 100 | 0.18 0.50 0.75 | YT15 YT14 YT5 | 220 ~ 240 145 ~ 160 115 ~ 125 | 0.18 0.40 0.50 | | | 460 ~ 520 290 ~ 350 200 ~ 260 | 0.13 0.25 0.40 | 切削条件较好时可用冷压Al$_2$O$_3$陶瓷,切削条件较差时宜用Al$_2$O$_3$+ TiC热压混合陶瓷 |
| | 高碳 | 175 ~ 275 | 1 4 8 | 30 ~ 37 24 ~ 27 18 ~ 21 | 0.18 0.40 0.50 | 115 ~ 130 88 ~ 95 69 ~ 76 | 140 ~ 155 105 ~ 120 84 ~ 95 | 0.18 0.50 0.75 | YT15 YT14 YT5 | 215 ~ 230 145 ~ 150 115 ~ 120 | 0.18 0.40 0.50 | | | 460 ~ 520 275 ~ 335 185 ~ 245 | 0.13 0.25 0.40 | |
| 合金钢 | 低碳 | 125 ~ 225 | 1 4 8 | 41 ~ 46 32 ~ 37 24 ~ 27 | 0.18 0.40 0.50 | 135 ~ 150 105 ~ 120 84 ~ 95 | 170 ~ 185 135 ~ 145 105 ~ 115 | 0.18 0.50 0.75 | YT15 YT14 YT5 | 220 ~ 235 175 ~ 190 135 ~ 145 | 0.18 0.40 0.50 | | | 520 ~ 580 365 ~ 395 275 ~ 335 | 0.13 0.25 0.40 | |
| | 中碳 | 175 ~ 275 | 1 4 8 | 34 ~ 41 26 ~ 32 20 ~ 24 | 0.18 0.40 0.50 | 105 ~ 115 85 ~ 90 67 ~ 73 | 130 ~ 150 105 ~ 120 82 ~ 95 | 0.18 0.40 ~ 0.50 0.50 ~ 0.75 | YT15 YT14 YT5 | 175 ~ 200 135 ~ 160 105 ~ 120 | 0.18 0.40 0.50 | | | 460 ~ 520 280 ~ 360 220 ~ 265 | 0.13 0.25 0.40 | |
| | 高碳 | 175 ~ 275 | 1 4 8 | 30 ~ 37 24 ~ 27 18 ~ 21 | 0.18 0.40 0.50 | 105 ~ 115 84 ~ 90 66 ~ 72 | 135 ~ 145 105 ~ 115 82 ~ 90 | 0.18 0.50 0.75 | YT15 YT14 YT5 | 1.75 ~ 190 135 ~ 150 105 ~ 120 | 0.18 0.40 0.50 | | | 460 ~ 520 275 ~ 335 215 ~ 245 | 0.13 0.25 0.40 | |
| 高强度钢 | | 225 ~ 350 | 1 4 8 | 20 ~ 26 15 ~ 20 12 ~ 15 | 0.18 0.40 0.50 | 90 ~ 105 69 ~ 84 53 ~ 66 | 115 ~ 135 90 ~ 105 69 ~ 84 | 0.18 0.40 0.50 | YT15 YT14 YT5 | 150 ~ 185 120 ~ 35 90 ~ 105 | 0.18 0.40 0.50 | | | 380 ~ 440 205 ~ 265 145 ~ 205 | 0.13 0.25 0.4 | 硬度大于300HBW时宜用W12Cr4- V5Co5 及 W2Mo 9Cr4VCo8 |

### 表 2-21　粗铣每齿进给量 $f_z$ 的推荐值

| 刀　　具 | | 材　　料 | 推荐进给量/(mm·z$^{-1}$) |
|---|---|---|---|
| 高速钢 | 圆柱铣刀 | 钢 | 0.1 ~ 0.15 |
| | | 铸铁 | 0.12 ~ 0.20 |
| | 面铣刀 | 钢 | 0.04 ~ 0.06 |
| | | 铸铁 | 0.15 ~ 0.20 |
| | 三面刃铣刀 | 钢 | 0.04 ~ 0.06 |
| | | 铸铁 | 0.15 ~ 0.25 |
| 硬质合金铣刀 | | 钢 | 0.1 ~ 0.20 |
| | | 铸铁 | 0.15 ~ 0.30 |

表 2-22　铣削速度 $v_c$ 的推荐值

| 工件材料 | 铣削速度/(m·min⁻¹) | | 说明 |
|---|---|---|---|
| | 高速钢铣刀 | 硬质合金铣刀 | |
| 20 钢 | 20~45 | 150~190 | |
| 45 钢 | 20~35 | 120~150 | 1. 粗铣时取小值,精铣时取大值 |
| 40Cr | 15~25 | 60~90 | |
| HT150 | 14~22 | 70~100 | 2. 工件材料的强度和硬度高时取小值,反之取大值 |
| 黄铜 | 30~60 | 120~200 | |
| 铝合金 | 112~300 | 400~600 | 3. 刀具材料的耐热性好取大值,耐热性差取小值 |
| 不锈钢 | 16~25 | 50~100 | |

表 2-23　高速钢钻头钻孔时的进给量

| 钻头直径 $d_0$/mm | 钢 $R_m \le 784$MPa 及铝合金 | | | 钢 $R_m = 784 \sim 981$MPa | | | 钢 $R_m > 981$MPa | | | 硬度不大于200HBW 的灰铸铁及铜合金 | | | 硬度大于200HBW 的灰铸铁 | | |
|---|---|---|---|---|---|---|---|---|---|---|---|---|---|---|---|
| | 进 给 量 的 组 别 | | | | | | | | | | | | | | |
| | I | II | III | I | II | III | I | II | III | I | II | III | I | II | III |
| | 进 给 量 $f$/(mm·r⁻¹) | | | | | | | | | | | | | | |
| 2 | 0.05~0.06 | 0.04~0.05 | 0.03~0.04 | 0.04~0.05 | 0.03~0.04 | 0.02~0.03 | 0.03~0.04 | 0.03~0.04 | 0.02~0.03 | 0.09~0.11 | 0.06~0.08 | 0.05~0.06 | 0.05~0.07 | 0.04~0.05 | 0.03~0.04 |
| 4 | 0.08~0.10 | 0.05~0.08 | 0.04~0.05 | 0.06~0.08 | 0.04~0.06 | 0.03~0.04 | 0.04~0.05 | 0.04~0.05 | 0.03~0.04 | 0.18~0.22 | 0.13~0.17 | 0.09~0.11 | 0.11~0.13 | 0.08~0.10 | 0.05~0.07 |
| 6 | 0.14~0.18 | 0.11~0.13 | 0.07~0.09 | 0.10~0.12 | 0.07~0.09 | 0.05~0.06 | 0.06~0.10 | 0.06~0.08 | 0.04~0.05 | 0.27~0.33 | 0.20~0.24 | 0.13~0.17 | 0.18~0.22 | 0.13~0.17 | 0.09~0.11 |
| 8 | 0.18~0.22 | 0.13~0.17 | 0.09~0.11 | 0.13~0.15 | 0.09~0.11 | 0.06~0.08 | 0.11~0.13 | 0.08~0.10 | 0.05~0.07 | 0.36~0.44 | 0.27~0.33 | 0.18~0.22 | 0.22~0.26 | 0.16~0.20 | 0.11~0.13 |
| 10 | 0.22~0.28 | 0.16~0.20 | 0.11~0.13 | 0.17~0.21 | 0.13~0.15 | 0.08~0.11 | 0.13~0.17 | 0.10~0.12 | 0.07~0.09 | 0.47~0.57 | 0.35~0.43 | 0.23~0.29 | 0.28~0.34 | 0.21~0.25 | 0.13~0.17 |
| 13 | 0.25~0.31 | 0.19~0.23 | 0.13~0.15 | 0.19~0.23 | 0.14~0.18 | 0.10~0.12 | 0.15~0.19 | 0.12~0.14 | 0.08~0.10 | 0.52~0.64 | 0.39~0.47 | 0.26~0.32 | 0.31~0.39 | 0.23~0.29 | 0.15~0.19 |
| 16 | 0.31~0.37 | 0.22~0.27 | 0.15~0.19 | 0.22~0.28 | 0.17~0.21 | 0.12~0.14 | 0.18~0.22 | 0.13~0.17 | 0.09~0.11 | 0.61~0.75 | 0.45~0.56 | 0.31~0.37 | 0.37~0.45 | 0.27~0.33 | 0.18~0.22 |

（续）

| 钻头直径 $d_0$/mm | 钢 $R_m \leqslant 784$MPa 及铝合金 | | | 钢 $R_m = 784 \sim 981$MPa | | | 钢 $R_m > 981$MPa | | | 硬度不大于200HBW 的灰铸铁及铜合金 | | | 硬度大于200HBW 的灰铸铁 | | |
|---|---|---|---|---|---|---|---|---|---|---|---|---|---|---|---|
| | 进 给 量 的 组 别 | | | | | | | | | | | | | | |
| | I | II | III | I | II | III | I | II | III | I | II | III | I | II | III |
| | 进 给 量 $f/(\text{mm} \cdot \text{r}^{-1})$ | | | | | | | | | | | | | | |
| 20 | 0.35 ~ 0.43 | 0.26 ~ 0.32 | 0.18 ~ 0.22 | 0.26 ~ 0.32 | 0.20 ~ 0.24 | 0.13 ~ 0.17 | 0.21 ~ 0.25 | 0.15 ~ 0.19 | 0.11 ~ 0.13 | 0.70 ~ 0.86 | 0.52 ~ 0.64 | 0.35 ~ 0.43 | 0.43 ~ 0.53 | 0.32 ~ 0.40 | 0.22 ~ 0.26 |
| 25 | 0.39 ~ 0.47 | 0.29 ~ 0.35 | 0.20 ~ 0.24 | 0.22 ~ 0.35 | 0.14 ~ 0.26 | 0.23 ~ 0.18 | 0.23 ~ 0.29 | 0.12 ~ 0.21 | 0.12 ~ 0.14 | 0.78 ~ 0.96 | 0.58 ~ 0.72 | 0.39 ~ 0.47 | 0.47 ~ 0.57 | 0.35 ~ 0.43 | 0.23 ~ 0.29 |
| 30 | 0.45 ~ 0.55 | 0.33 ~ 0.41 | 0.22 ~ 0.28 | 0.32 ~ 0.40 | 0.24 ~ 0.30 | 0.16 ~ 0.20 | 0.27 ~ 0.33 | 0.20 ~ 0.24 | 0.13 ~ 0.17 | 0.9 ~ 1.1 | 0.67 ~ 0.83 | 0.45 ~ 0.55 | 0.54 ~ 0.66 | 0.4 ~ 0.5 | 0.27 ~ 0.33 |
| >30 ≤60 | 0.6 ~ 0.7 | 0.45 ~ 0.55 | 0.30 ~ 0.35 | 0.4 ~ 0.5 | 0.30 ~ 0.35 | 0.20 ~ 0.25 | 0.3 ~ 0.4 | 0.22 ~ 0.30 | 0.16 ~ 0.23 | 1.2 | 0.9 | 0.6 | 0.8 | 0.6 | 0.35 ~ 0.40 |

钻孔深度的修正系数（第I组进给量）

| 钻孔深度（以钻头直径为单位） | $3d_0$ | $5d_0$ | $7d_0$ | $10d_0$ |
|---|---|---|---|---|
| 修正系数 | 1.0 | 0.9 | 0.8 | 0.75 |

注：选择进给量的工艺因素

【I组】在刚性工件上钻无公差或 IT12 以下及钻孔后尚需用几个刀具来加工的孔。

【II组】1）在刚度不足的工件上（箱形的薄壁工件，工件上薄弱的凸出部分等）钻无公差的或 IT12 级以下的孔及钻孔以后尚需用几个刀具来加工的孔。2）丝锥攻螺纹前钻孔。

【III组】1）钻精密孔（以后还需用一个扩孔钻或一个铰刀加工的）。2）在刚度差和支承面不稳定的工件上钻孔。3）孔的轴线和平面不垂直的孔。

注意：为了预防钻头的损坏，在孔钻穿时建议关闭自动进给。

## 六、零件热处理在工艺路线中的安排

表 2-24、表 2-25 分别列出了结构钢和工具钢零件热处理在工艺路线中的位置安排，可供制订工艺规程时参考。

表 2-24　结构钢零件热处理在工艺路线中的安排

| 序号 | 工艺过程方案 | 用 途 | 材 料 |
|---|---|---|---|
| 1 | 退火（或正火）—机械加工 | 轻负荷碳钢零件、锻件或硬度不大于207HBW 的铸件 | 碳的质量分数 $w_C = 0.15\% \sim 0.45\%$ 的低碳钢或中碳钢 |
| 2 | （1）调质（淬火＋高温回火）—机械加工 （2）正火—高温回火—机械加工 | 中等负荷的碳钢和合金钢零件及锻件，硬度为 207～300HBW 的铸件 方案（2）也可作为锻件的预先热处理来代替长时间的退火 | 碳的质量分数 $w_C = 0.38\% \sim 0.5\%$ 的碳钢和中碳合金钢 |

（续）

| 序号 | 工艺过程方案 | 用　途 | 材　料 |
|---|---|---|---|
| 3 | 退火（或正火）—淬火—高温回火—机械加工 | 中等负荷、形状复杂的硬度为207～300HBW的大尺寸锻件 | 碳的质量分数 $w_C = 0.38\% \sim 0.5\%$ 的中碳钢 |
| 4 | 退火（或正火）—机械加工—淬火—低温回火—机械加工<br><br>正火—高温回火—机械加工—淬火—低温回火—机械加工 | 用于承受中等负荷，同时要求耐磨的零件 | 碳的质量分数 $w_C = 0.38\% \sim 0.5\%$ 的中碳钢或中碳合金钢 |
| 5 | 退火—机械加工—淬火—高温回火—冷处理—低温回火—机械加工 | 淬火后含有大量残留奥氏体的零件，要求尺寸与组织稳定，并要求耐磨 | 高速钢、高合金钢 |
| | 退火（或正火）—机械加工—淬火—高温回火—机械加工 | 大部分调质零件 | 合金钢、高速钢 |
| 6 | 正火—机械加工—渗碳—淬火—低温回火—机械加工 | 用于承受重负荷以及在复合应力和冲击负荷下具有高耐磨性的渗碳零件，如齿轮等 | 碳的质量分数 $w_C = 0.15\% \sim 0.32\%$ 的低碳钢 |
| | 正火—机械加工—渗碳——次淬火（或正火）—二次淬火—低温回火—机械加工 | 同上，重要用途的渗碳零件 | 碳的质量分数 $w_C = 0.15\% \sim 0.32\%$ 的高合金钢 |
| | 正火—机械加工—渗碳—高温回火—淬火—低温回火—机械加工<br><br>退火（或正火）—机械加工—渗碳—淬火—冷处理—低温回火—机械加工 | 用于淬火后在渗碳层中有大量残留奥氏体的渗碳零件 | 碳的质量分数 $w_C = 0.15\% \sim 0.32\%$ 的高合金渗碳钢，如 12Cr2Ni4A、18Cr2Ni4WA、12CrNi3A、20Cr2Ni4A、18CrNiWA 等钢种 |
| | 正火—机械加工—渗碳（一直接淬火）—低温回火—机械加工 | 同上，要求扭曲最小的齿轮 | 18CrMnTi、20Cr2Ni4A |
| | 正火—机械加工—渗碳—机械加工—淬火—低温回火—机械加工 | 用于余量保护的局部渗碳零件，渗碳后如硬度很高，则在渗碳后加高温回火 | 碳的质量分数 $w_C = 0.15\% \sim 0.32\%$ 的低碳钢以及优质高合金渗碳钢 |
| | 退火（或正火）—机械加工—低温退火（或高温回火）—机械加工—渗碳—高温回火—淬火—低温回火—机械加工 | 形状复杂，作用重大的渗碳零件 | 优质高合金钢 |
| 7 | 正火—高温回火—机械加工—淬火—高温回火—机械加工—氮化<br><br>退火（或正火）—机械加工—淬火—高温回火—机械加工—氮化 | 用于有高的耐磨性和疲劳极限且有一定耐蚀性的氮化零件，或用于零件抗蚀氮化 | 38CrA、38CrMoAlA、1Cr13、40CrNiMoA、2Cr13 等氮化钢 |

（续）

| 序号 | 工艺过程方案 | 用　途 | 材　料 |
|---|---|---|---|
| 8 | 机械加工—碳氮共渗—淬火—低温回火 | 一般碳氮共渗零件 | 低碳钢、中碳钢及合金钢 |
| | 正火—机械加工—碳氮共渗（—直接淬火）—低温回火 | | 40、40Cr 钢等 |
| | 正火—机械加工—碳氮共渗—高温回火—淬火—冷处理—低温回火 | 重要用途的碳氮共渗零件，淬火后有大量残留奥氏体的碳氮共渗零件 | 12CrNi3A、12Cr2Ni4A、18Cr2Ni4WA 等 |
| 9 | 正火（或退火）—机械加工—调质（即淬火＋高温回火）—机械加工（—低温时效—精加工） | 多种负荷下工作的重要零件，要求具有良好的综合力学性能，即高强度与高韧性相配合、较高的冲击韧度、一定的塑性 | 碳的质量分数 $w_C = 0.13 \sim 0.5\%$ 的中碳钢和中碳合金钢 |
| | 正火或退火—机械加工—调质—机械加工—高频淬火—低温回火—精加工 | | |
| | 正火或退火—机械加工—调质—机械加工—消除应力退火—机械加工—氮化—精磨 | | |
| 10 | 正火—机械加工—表面淬火—低温回火 | 内部不需强化的零件 | — |
| 11 | 机械加工—渗碳—淬火—低温回火 | 螺栓、螺母、垫片和其他标准件 | — |
| | 机械加工—渗碳（—直接淬火）—低温回火 | | |
| | 机械加工—碳氮共渗—高温回火 | | |
| 12 | 冷冲压—淬火—高温回火 | 冷冲压件，如垫片、螺栓等标准件 | — |
| | 冷冲压—低温退火—冷冲压—低温回火 | | |
| 13 | 绕制—切为单件—磨光端面—调整几何尺寸—定型回火—最后调整尺寸—表面处理 | 弹簧 | 冷成形弹簧钢丝，如Ⅰ组、Ⅱ组钢丝 |
| | 保护退火—成形—淬火—（装夹）回火—表面处理 | | 热成形弹簧钢，如 65Mn、60Si2Mn、50CrVA、T7、T8、3Cr13、4Cr13 等 |

**表 2-25  工具钢零件热处理在工艺路线中的安排**

| 序号 | 工艺过程方案 | 用　途 | 材　料 |
|---|---|---|---|
| 1 | 低温退火—机械加工—淬火—高温回火—机械加工 | 刀具及调质零件 | 高速钢、合金钢 |
|  | 低温退火—机械加工—淬火—冷处理—低温回火—机械加工 | 刀具及淬火后有残留奥氏体的零件 | 高速钢、合金钢 |
|  | 低温退火—机械加工—淬火—高温回火—机械加工—碳氮共渗 | 刀具 | 高速钢、合金工具钢 |
| 2 | 球化退火—机械加工(—去应力退火或调质—机械加工)—淬火—回火—机械加工 | 模具(包括冷冲模、胶木模、热变形模具等) | T10A、T12A、9Mn2V、CrWMn、9SiCr、GCr15、Cr12、Cr12MoV、5CrMnMo、5CrNiMo、3Cr2W8V 等 |
| 3 | 机械加工—调质—机械加工—淬火—冷处理—低温回火—冷处理—低温回火—粗磨—回火—精磨—时效—研磨 | 高精度量具 | CrMn、CrWMn、Cr12 等 |
| 4 | 机械加工—淬火—低温回火—粗磨—低温回火—精磨—时效—研磨 | 精度不高的量具 | T10A、T12A、15Cr、20Cr、9Cr18、4Cr13 等 |

# 机床夹具设计指导

## 第一节　机械加工定位、夹紧符号及其标注

### 一、机械加工定位、夹紧符号

　　JB/T 5061—2006 规定了机械加工定位支承符号（简称定位符号）、辅助支承符号、夹紧符号和常用定位、夹紧装置符号（简称装置符号）的类型、画法和使用要求，详见表 3-1～表 3-4。

表 3-1　定位支承符号

| 定位支承类型 | 符　　号 | | | |
|---|---|---|---|---|
| | 独立定位 | | 联合定位 | |
| | 标注在视图轮廓线上 | 标注在视图正面 | 标注在视图轮廓线上 | 标注在视图正面 |
| 固定式 | | | | |
| 活动式 | | | | |

注：视图正面是指观察者面对的投影面。

表 3-2　辅助支承符号

| 独立支承 | | 联合支承 | |
|---|---|---|---|
| 标注在视图轮廓线上 | 标注在视图正面 | 标注在视图轮廓线上 | 标注在视图正面 |
| | | | |

表 3-3　夹紧符号

| 夹紧动力源类型 | 符　　号 | | | |
|---|---|---|---|---|
| | 独立夹紧 | | 联合夹紧 | |
| | 标注在视图轮廓线上 | 标注在视图正面 | 标注在视图轮廓线上 | 标注在视图正面 |
| 手动夹紧 | | | | |
| 液压夹紧 | Y | Y | Y | Y |
| 气动夹紧 | Q | Q | Q | Q |

（续）

| 夹紧动力源类型 | 符 号 | | | |
|---|---|---|---|---|
| | 独立夹紧 | | 联合夹紧 | |
| | 标注在视图轮廓线上 | 标注在视图正面 | 标注在视图轮廓线上 | 标注在视图正面 |
| 电磁夹紧 | 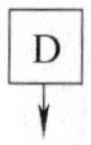 D | 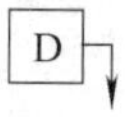 D | 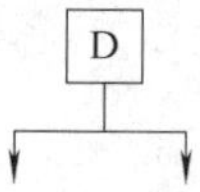 D | 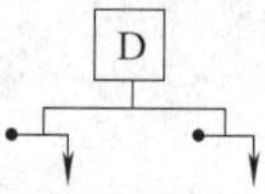 D |

注：表中的字母代号为大写汉语拼音首字母。

表 3-4　常用装置符号

| 序号 | 符号 | 名称 | 简　图 | 序号 | 符号 | 名称 | 简　图 |
|---|---|---|---|---|---|---|---|
| 1 | | 固定顶尖 | | 10 | | 螺纹心轴 | （花键心轴也用此符号） |
| 2 | | 内顶尖 | | 11 | | 弹性心轴（包括塑料心轴）　弹簧夹头 | |
| 3 | | 回转顶尖 | | | | | |
| 4 | | 外拨顶尖 | | 12 |  | 自定心卡盘 | 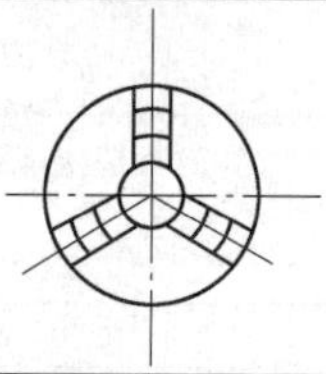 |
| 5 | | 内拨顶尖 | | 13 | 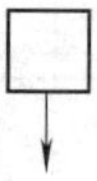 | 单动卡盘 | 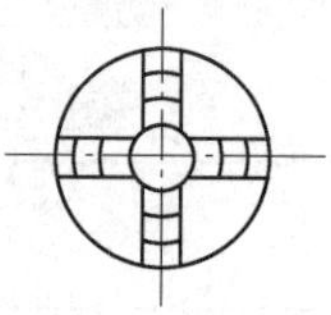 |
| 6 | | 浮动顶尖 | | 14 |  | 中心架 | 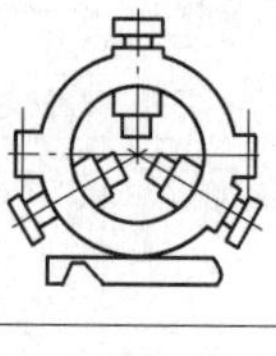 |
| 7 | | 伞形顶尖 | | 15 | 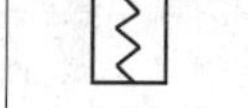 | 跟刀架 |  |
| 8 | | 圆柱心轴 | | | | | |
| 9 | | 锥度心轴 | | | | | |

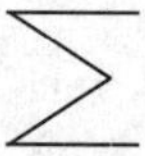

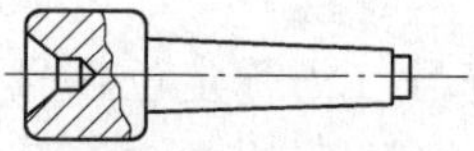

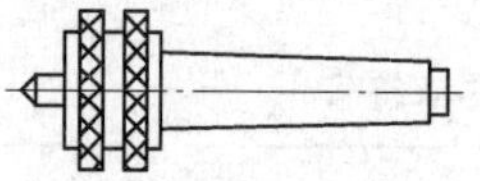

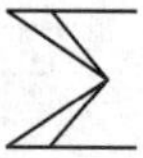

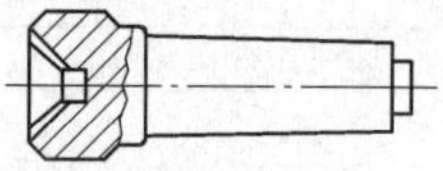

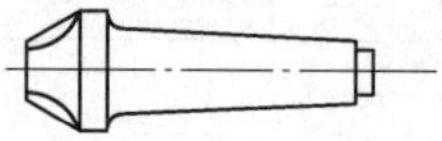

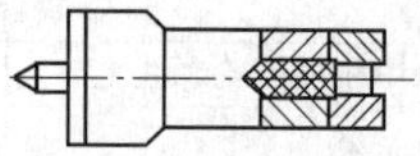

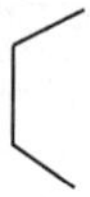

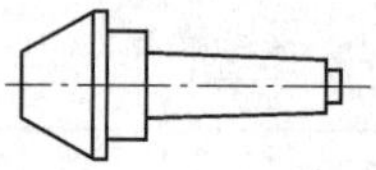

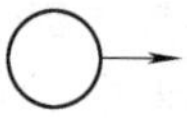

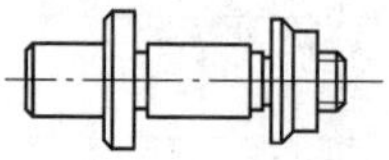

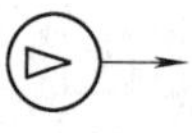

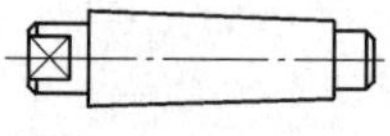

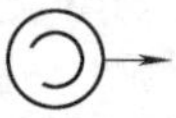

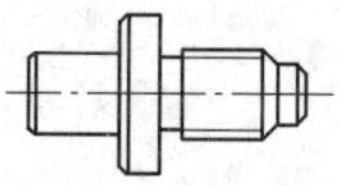

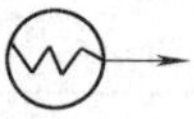

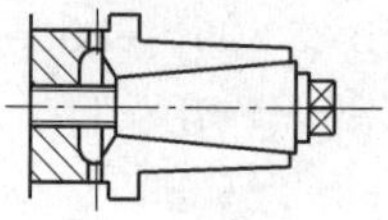

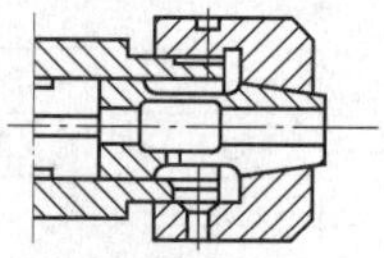

（续）

| 序号 | 符号 | 名称 | 简图 | 序号 | 符号 | 名称 | 简图 |
|---|---|---|---|---|---|---|---|
| 16 | 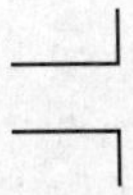 | 圆柱衬套 | 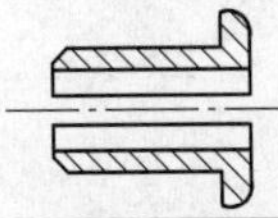 | 23 |  | 可调支承 |  |
| 17 | 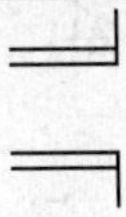 | 螺纹衬套 | 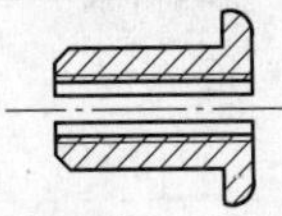 | 24 | 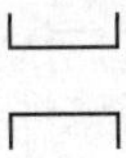 | 平口钳 | 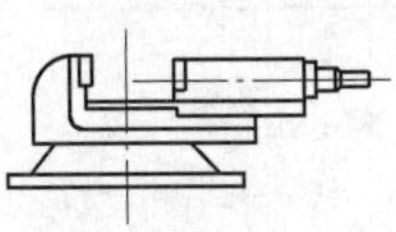 |
| 18 |  | 止口盘 | 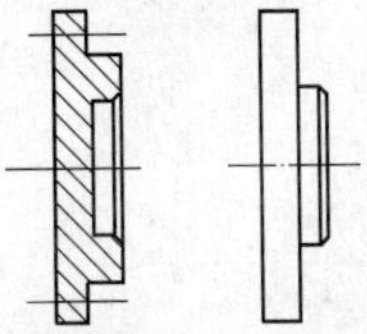 | 25 |  | 中心堵 | 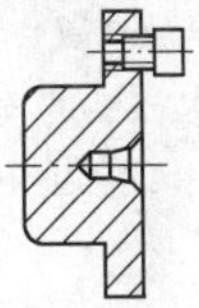 |
| 19 | | 拨杆 | 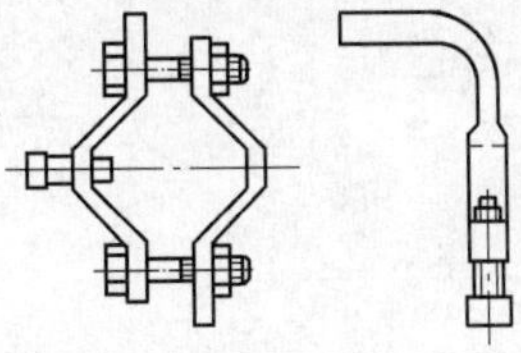 | 26 |  | V形块 | 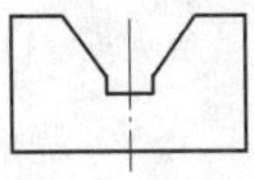 |
| 20 | 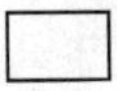 | 垫铁 | 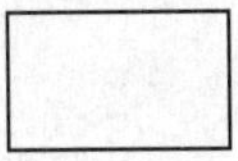 | 27 |  | 软爪 | 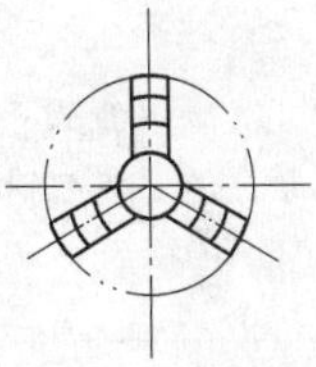 |
| 21 | 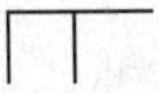 | 压板 |  | | | | |
| 22 | 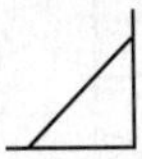 | 角铁 |  | | | | |

## 二、各种符号标注示例

机械加工定位符号、夹紧符号和常用装置符号的标注示例见表 3-5。

表 3-5　定位符号、夹紧符号和常用装置符号的标注示例

| 序号 | 说　明 | 定位、夹紧符号标注示意图 | 装置符号标注或与定位、夹紧符号联合标注示意图 |
|---|---|---|---|
| 1 | 主轴箱固定顶尖、床尾固定顶尖定位，拨杆夹紧 | 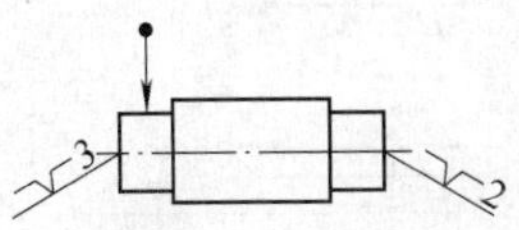 | 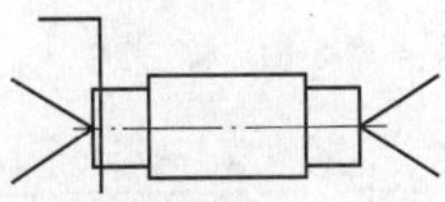 |
| 2 | 主轴箱固定顶尖、床尾浮动顶尖定位，拨杆夹紧 | 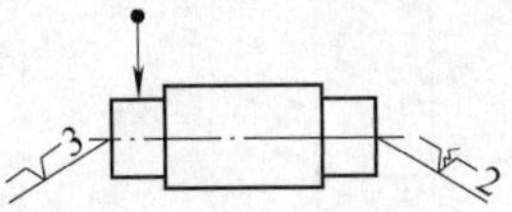 | 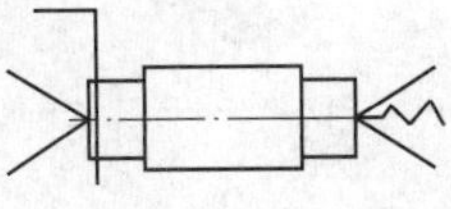 |

（续）

| 序号 | 说　明 | 定位、夹紧符号标注示意图 | 装置符号标注或与定位、夹紧符号联合标注示意图 |
|---|---|---|---|
| 3 | 主轴箱内拨顶尖、床尾回转顶尖定位、夹紧 | 回转 | |
| 4 | 主轴箱外拨顶尖、床尾回转顶尖定位、夹紧 | 回转 | |
| 5 | 主轴箱弹簧夹头定位夹紧，夹头内带有轴向定位，床尾内顶尖定位 | | |
| 6 | 弹簧夹头定位、夹紧 | | |
| 7 | 液压弹簧夹头定位、夹紧，夹头内带有轴向定位 | | |
| 8 | 弹性心轴定位、夹紧 | | |
| 9 | 气动弹性心轴定位、夹紧，带端面定位 | | |
| 10 | 锥度心轴定位、夹紧 | | |
| 11 | 圆柱心轴定位、夹紧，带端面定位 | | |

（续）

| 序号 | 说　明 | 定位、夹紧符号标注示意图 | 装置符号标注或与定位、夹紧符号联合标注示意图 |
|---|---|---|---|
| 12 | 自定心卡盘定位、夹紧 | | |
| 13 | 液压自定心卡盘定位、夹紧,带端面定位 | | |
| 14 | 单动卡盘定位、夹紧,带轴向定位 | | |
| 15 | 单动卡盘定位、夹紧,带端面定位 | | |
| 16 | 主轴箱固定顶尖,床尾浮动顶尖定位,中部有跟刀架辅助支承,拨杆夹紧(细长轴类零件) | | |
| 17 | 主轴箱自定心卡盘带轴向定位夹紧,床尾中心架支承定位 | | |
| 18 | 止口盘定位,螺栓压板夹紧 | | |

（续）

| 序号 | 说　　明 | 定位、夹紧符号标注示意图 | 装置符号标注或与定位、夹紧符号联合标注示意图 |
|---|---|---|---|
| 19 | 止口盘定位,气动压板联动夹紧 | | |
| 20 | 螺纹心轴定位、夹紧 | | |
| 21 | 圆柱衬套带有轴向定位,外用自定心卡盘夹紧 | | |
| 22 | 螺纹衬套定位,外用自定心卡盘夹紧 | | |
| 23 | 平口钳定位、夹紧 | | |
| 24 | 电磁盘定位、夹紧 | | |
| 25 | 软爪自定心卡盘定位、卡紧 | | |
| 26 | 主轴箱伞形顶尖,床尾伞形顶尖定位,拨杆夹紧 | | |
| 27 | 主轴箱中心堵,床尾中心堵定位,拨杆夹紧 | | |

（续）

| 序号 | 说　明 | 定位、夹紧符号标注示意图 | 装置符号标注或与定位、夹紧符号联合标注示意图 |
|------|--------|--------------------------|-----------------------------------------------|
| 28 | 角铁、V 形块及可调支承定位，下部加辅助可调支承，压板联动夹紧 | | |
| 29 | 一端固定 V 形块，下平面垫铁定位，另一端可调 V 形块定位、夹紧 | | |

# 第二节　专用夹具设计资料

## 一、切削力、夹紧力的计算

### 1. 车削力的计算

车削力的指数公式为

$$F_c = C_{F_c} a_p^{x_{F_c}} f^{y_{F_c}} v_c^{n_{F_c}} K_{F_c}$$

$$F_p = C_{F_p} a_p^{x_{F_p}} f^{y_{F_p}} v_c^{n_{F_p}} K_{F_p}$$

$$F_f = C_{F_f} a_p^{x_{F_f}} f^{y_{F_f}} v_c^{n_{F_f}} K_{F_f}$$

式中，$F_c$、$F_p$、$F_f$ 为车削力（单位为 N），$a_p$ 为背吃刀量，$f$ 为进给量，$v_c$ 为切削速度；各系数 $C_F$ 值由实验加工条件确定；各指数 $x_F$、$y_F$、$n_F$ 值表明各参数对切削力的影响程度；修正值 $K_F$ 是不同加工条件下对各切削分力的修正系数值。各系数、指数、修正系数值可由《切削原理》参考书和《切削手册》查得。

表 3-6 是在使用 $\gamma_o = 10°$、$\kappa_r = 45°$、$\lambda_s = 0°$、$r_E = 2mm$ 的硬质合金车刀的条件下实验求车削力 $F_c$、$F_p$、$F_f$ 公式中的指数和系数值。

### 2. 钻削力的计算

钻头每一切削刃都产生切削力，包括切向力（主切削力）、背向力（径向力）和进给力（轴向力）。当左右切削刃对称时，背向力抵消，最终对钻头产生影响的是进给力 $F_f$ 与切削

转矩 $M_c$。钻削时进给力、转矩计算公式为

$$F_f = C_{F_f} d^{z_{F_f}} f^{y_{F_f}} K_{F_f}$$

$$M_c = C_{M_c} d^{z_{M_c}} f^{y_{M_c}} K_{M_c}$$

式中的系数和指数见表3-7。计算转矩后，可用下式计算消耗切削功率（单位 kW）

$$P_c = \frac{M_c v_c}{30d}$$

表3-6 外圆纵车、端面车 $F_c$ 公式中的系数 $C_F$ 和指数 $x_F$、$y_F$、$n_F$ 值

| 加工材料 | 刀具材料 | 加工形式 | 切削力 $F_c$ | | | | 背向力 $F_p$ | | | | 进给力 $F_f$ | | | |
|---|---|---|---|---|---|---|---|---|---|---|---|---|---|---|
| | | | $F_c = C_{F_c} a_p^{x_{F_c}} f^{y_{F_c}} v_c^{n_{F_c}}$ | | | | $F_p = C_{F_p} a_p^{x_{F_p}} f^{y_{F_p}} v_c^{n_{F_p}}$ | | | | $F_f = C_{F_f} a_p^{x_{F_f}} f^{y_{F_f}} v_c^{n_{F_f}}$ | | | |
| | | | $C_{F_c}$ | $x_{F_c}$ | $y_{F_c}$ | $n_{F_c}$ | $C_{F_p}$ | $x_{F_p}$ | $y_{F_p}$ | $n_{F_p}$ | $C_{F_f}$ | $x_{F_f}$ | $y_{F_f}$ | $n_{F_f}$ |
| 结构钢、铸钢 $R_m = 650 MPa$ | 硬质合金 | 外圆纵车、横车、镗孔 | 2795 | 1.0 | 0.75 | -0.15 | 1940 | 0.90 | 0.6 | -0.3 | 2880 | 1.0 | 0.5 | -0.4 |
| | | 外圆纵车（$\kappa_r' = 0°$） | 3570 | 0.9 | 0.9 | -0.15 | 2845 | 0.60 | 0.3 | -0.3 | 2050 | 1.05 | 0.2 | -0.4 |
| | | 切槽、切断 | 3600 | 0.72 | 0.8 | 0 | 1390 | 0.73 | 0.67 | 0 | — | | | |
| | 高速钢 | 外圆纵车、横车、镗孔 | 1770 | 1.0 | 0.75 | 0 | 1100 | 0.9 | 0.75 | 0 | 590 | 1.2 | 0.65 | 0 |
| | | 切槽及切断 | 2160 | 1.0 | 1.0 | 0 | — | | | | — | | | |
| | | 成形车削 | 1855 | 1.0 | 0.75 | 0 | — | | | | — | | | |
| 不锈钢 1Cr18Ni9Ti 硬度 141HBW | 硬质合金 | 外圆纵车、横车、镗孔 | 2000 | 1.0 | 0.75 | 0 | | | | | | | | |
| 灰铸铁 硬度 190HBW | 硬质合金 | 外圆纵车、横车、镗孔 | 900 | 1.0 | 0.75 | 0 | 530 | 0.9 | 0.75 | 0 | 450 | 1.0 | 0.4 | 0 |
| | | 外圆纵车（$\kappa_r' = 0°$） | 1205 | 1.0 | 0.85 | 0 | 600 | 0.6 | 0.5 | 0 | 235 | 1.05 | 0.2 | 0 |
| | 高速钢 | 外圆纵车、横车、镗孔 | 1120 | 1.0 | 0.75 | 0 | 1165 | 0.9 | 0.75 | 0 | 500 | 1.2 | 0.65 | 0 |
| | | 切槽、切断 | 1550 | 1.0 | 1.0 | 0 | — | | | | — | | | |
| 可锻铸铁 硬度 150HBW | 硬质合金 | 外圆纵车、横车、镗孔 | 795 | 1.0 | 0.75 | 0 | 420 | 0.9 | 0.75 | 0 | 375 | 1.0 | 0.4 | 0 |
| | 高速钢 | 外圆纵车、横车、镗孔 | 980 | 1.0 | 0.75 | 0 | 865 | 0.9 | 0.75 | 0 | 390 | 1.2 | 0.65 | 0 |
| | | 切槽、切断 | 1375 | 1.0 | 1.0 | 0 | — | | | | — | | | |

表3-7 钻削时进给力、转矩及功率的计算公式

| | 计算公式 | | |
|---|---|---|---|
| 名称 | 进给力/N | 转矩/（N·m） | 功率/kW |
| 计算公式 | $F_f = C_{F_f} d^{z_{F_f}} f^{y_{F_f}} K_{F_f}$ | $M_c = C_{M_c} d^{z_{M_c}} f^{y_{M_c}} K_{M_c}$ | $P_c = \frac{M_c v_c}{30d}$ |

| | 公式中的系数和指数 | | | | | |
|---|---|---|---|---|---|---|
| 加工材料 | 刀具材料 | 系数和指数 | | | | |
| | | 进给力 | | | 转矩 | | |
| | | $C_{F_f}$ | $z_{F_f}$ | $y_{F_f}$ | $C_{M_c}$ | $z_{M_c}$ | $y_{M_c}$ |
| 钢 $R_m = 650 MPa$ | 高速钢 | 600 | 1.0 | 0.7 | 0.305 | 2.0 | 0.8 |
| 不锈钢 1Cr18Ni9Ti | 高速钢 | 1400 | 1.0 | 0.7 | 0.402 | 2.0 | 0.7 |

（续）

| 加工材料 | 刀具材料 | 系数和指数 | | | | | |
|---|---|---|---|---|---|---|---|
| | | 进给力 | | | 转　矩 | | |
| | | $C_{F_f}$ | $z_{F_f}$ | $y_{F_f}$ | $C_{M_c}$ | $z_{M_c}$ | $y_{M_c}$ |
| 灰铸铁,硬度 190HBW | 高速钢 | 420 | 1.0 | 0.8 | 0.206 | 2.0 | 0.8 |
| | 硬质合金 | 410 | 1.2 | 0.75 | 0.117 | 2.2 | 0.8 |
| 可锻铸铁,硬度 150HBW | 高速钢 | 425 | 1.0 | 0.8 | 0.206 | 2.0 | 0.8 |
| | 硬质合金 | 320 | 1.2 | 0.75 | 0.098 | 2.2 | 0.8 |
| 中等硬度非均质铜合金, 硬度 100 ~ 140HBW | 高速钢 | 310 | 1.0 | 0.8 | 0.117 | 2.0 | 0.8 |

注：用硬质合金钻头钻削未淬硬的结构碳钢、铬钢及镍铬钢时，进给力及转矩可按下列公式计算

$$F_f = 3.48 d^{1.4} f^{0.8} R_m^{0.75} \qquad M_c = 5.87 d^2 f R_m^{0.7}$$

### 3. 铣削力的计算

与车削相似，圆柱铣刀和面铣刀的切削力可按表3-8所列出的实验公式进行计算。当被加工材料性能不同时，$F_c$ 需乘修正系数 $K_{F_c}$。

表 3-8　圆柱铣削和面铣时的铣削力计算公式

| 铣刀类型 | 刀具材料 | 工件材料 | 切削力 $F_c$ 计算式(单位:N) |
|---|---|---|---|
| 圆柱铣刀 | 高速钢 | 碳钢 | $F_c = 9.81(65.2) a_e^{0.86} f_z^{0.72} a_p z d^{-0.86}$ |
| | | 灰铸铁 | $F_c = 9.81(30) a_e^{0.83} f_z^{0.65} a_p z d^{-0.83}$ |
| | 硬质合金 | 碳钢 | $F_c = 9.81(96.6) a_e^{0.88} f_z^{0.75} a_p z d^{-0.87}$ |
| | | 灰铸铁 | $F_c = 9.81(58) a_e^{0.90} f_z^{0.80} a_p z d^{-0.90}$ |
| 面铣刀 | 高速钢 | 碳钢 | $F_c = 9.81(78.8) a_e^{1.1} f_z^{0.80} a_p^{0.95} z d^{-1.1}$ |
| | | 灰铸铁 | $F_c = 9.81(50) a_e^{1.14} f_z^{0.72} a_p^{0.90} z d^{-1.14}$ |
| | 硬质合金 | 碳钢 | $F_c = 9.81(789.3) a_e^{1.1} f_z^{0.75} a_p z d^{-1.3} n^{-0.2}$ |
| | | 灰铸铁 | $F_c = 9.81(54.5) a_e f_z^{0.74} a_p^{0.90} z d^{-1.0}$ |
| 被加工材料 $R_m$ 或硬度不同时 的修正系数 $K_{F_c}$ | | | 加工钢料时 $K_{F_c} = \left(\dfrac{R_m}{0.637}\right)^{0.30}$ （式中 $R_m$ 的单位为 GPa） |
| | | | 加工铸铁时 $K_{F_c} = \left(\dfrac{布氏硬度值}{190}\right)^{0.55}$ |

### 4. 夹紧力的计算

按照夹具设计原则合理确定夹紧力的作用点和作用方向之后，即应计算夹紧力的大小。计算夹紧力是一个很复杂的问题，一般只能粗略地估算。因为在加工过程中，工件受到切削力、重力、冲击力、离心力和惯性力等的作用，从理论上讲，夹紧力的作用效果必须与上述作用力（矩）相平衡。但是在不同条件下，上述作用力在平衡系中对工件所起的作用是各不相同的。为了简化夹紧力的计算，通常假设工艺系统是刚性的，切削过程是稳定的，在这些假设条件下，根据切削力实验计算公式求出切削力，然后找出加工过程中最不利的瞬时状态，按静力学原理求出夹紧力的大小。夹紧力大小的计算通常表现为夹紧力矩与摩擦力矩的平衡。夹紧力的计算公式为

$$F_j = K F_计$$

式中　$F_计$——在最不利条件下由静力平衡计算求出的夹紧力；

$F_j$——实际需要的夹紧力；

$K$——安全系数，一般取 $K = 1.5 \sim 3$，粗加工取大值，精加工取小值。

## 二、常用金属切削机床的主轴转速和进给量

为了方便工艺设计和夹具设计中切削用量的计算，表3-9列出了几种常见通用机床的主轴转速和进给量，供设计时参考。

表 3-9　常见通用机床的主轴转速和进给量

| 类别 | 型号 | 技术参数 | | | |
|------|------|------|------|------|------|
| | | 主轴转速/(r·min$^{-1}$) | | 进给量/(mm·r$^{-1}$) | |
| 车床 | CA6140 | 正转 | 10、12.5、16、20、25、32、40、50、63、80、100、125、160、200、250、320、400、450、500、560、710、900、1120、1400 | 纵向（部分） | 0.028、0.032、0.036、0.039、0.043、0.046、0.050、0.054、0.08、0.10、0.12、0.14、0.16、0.18、0.20、0.24、0.28、0.30、0.33、0.36、0.41、0.46、0.48、0.51、0.56、0.61、0.66、0.71、0.81、0.91、0.96、1.02、1.09、1.15、1.22、1.29、1.47、1.59、1.71、1.87、2.05、2.28、2.57、2.93、3.16、3.42… |
| | | 反转 | 14、22、36、56、90、141、226、362、565、633、1018、1580 | 横向（部分） | 0.014、0.016、0.018、0.019、0.021、0.023、0.025、0.027、0.04、0.05、0.06、0.08、0.09、0.10、0.12、0.14、0.15、0.17、0.20、0.23、0.25、0.28、0.30、0.33、0.35、0.40、0.43、0.45、0.50、0.56、0.61、0.73、0.86、0.94、1.08、1.28、1.46、1.58… |
| | CM6125 | 正转 | 25、63、125、160、320、400、500、630、800、1000、1250、2000、2500、3150 | 纵向 | 0.02、0.04、0.08、0.10、0.20、0.40 |
| | | | | 横向 | 0.01、0.02、0.04、0.05、0.10、0.20 |
| | C365L | 正转 | 44、58、78、100、136、183、238、322、430、550、745、1000 | 回转刀架纵向 | 0.07、0.09、0.13、0.17、0.21、0.28、0.31、0.38、0.41、0.52、0.56、0.76、0.92、1.24、1.68、2.29 |
| | | 反转 | 48、64、86、110、149、200、261、352、471、604、816、1094 | 横刀架纵向 | 0.07、0.09、0.13、0.17、0.21、0.28、0.31、0.38、0.41、0.52、0.56、0.76、0.92、1.24、1.68、2.29 |
| | | | | 横刀架横向 | 0.03、0.04、0.056、0.076、0.09、0.12、0.13、0.17、0.18、0.23、0.24、0.33、0.41、0.54、0.73、1.00 |
| 钻床 | Z35（摇臂） | | 34、42、53、67、85、105、132、170、265、335、420、530、670、850、1051、1320、1700 | | 0.03、0.04、0.05、0.07、0.09、0.12、0.14、0.15、0.19、0.20、0.25、0.26、0.32、0.40、0.56、0.67、0.90、1.2 |
| | Z525（立钻） | | 97、140、195、272、392、545、680、960、1360 | | 0.10、0.13、0.17、0.22、0.28、0.36、0.48、0.62、0.81 |
| | Z535（立钻） | | 68、100、140、195、275、400、530、750、1100 | | 0.11、0.15、0.20、0.25、0.32、0.43、0.57、0.72、0.96、1.22、1.60 |
| | Z512（台钻） | | 460、620、850、1220、1610、2280、3150、4250 | | 手动 |
| 镗床 | T619（卧式） | | 20、25、32、40、50、64、80、100、125、160、200、250、315、400、500、630、800、1000 | 主轴 | 0.05、0.07、0.10、0.13、0.19、0.27、0.37、0.52、0.74、1.03、1.43、2.05、2.90、4.00、5.70、8.00、11.1、16.0 |
| | | | | 主轴箱 | 0.025、0.035、0.05、0.07、0.09、0.13、0.19、0.26、0.37、0.52、0.72、1.03、1.42、2.00、2.90、4.00、5.60、8.00 |
| | TA4280（坐标） | | 40、52、65、80、105、130、160、205、250、320、410、500、625、800、1000、1250、1600、2000 | | 0.0426、0.069、0.100、0.153、0.247、0.356 |

（续）

| 类别 | 型 号 | 技 术 参 数 | | |
|---|---|---|---|---|
| | | 主轴转速/(r·min⁻¹) | 进给量/(mm·r⁻¹) | |
| 铣床 | X51（立式） | 65、80、100、125、160、210、255、300、380、490、590、725、945、1225、1500、1800 | 纵向 | 35、40、50、65、85、105、125、165、205、250、300、390、510、620、755 |
| | | | 横向 | 25、30、40、50、65、80、100、130、150、190、230、320、400、480、585、765 |
| | | | 升降 | 12、15、20、25、33、40、50、65、80、95、115、160、200、290、380 |
| | X6140、XA6132（卧式） | 30、37.5、47.5、60、75、95、118、150、190、235、300、375、475、600、750、950、1180、1500 | 纵向及横向 | 23.5、30、37.5、47.5、60、75、95、118、150、190、235、300、375、475、600、750、950、1180 |

# 第三节 机床夹具公差和技术要求的制订

## 一、制订夹具公差和技术要求的基本原则

制订夹具公差和技术要求，必须以产品图样、工艺规程和设计任务书为依据，对被加工工件的尺寸、公差和技术要求等进行全面分析、细致考虑，以便确定夹具所必须达到的经济精度，使机床夹具的制造精度能确保产品质量。制订夹具公差和技术要求时，应遵循以下基本原则：

（1）为保证工件的加工精度，在制订夹具的公差和技术要求时，应使夹具制造误差的总和不超过工件相应公差的 1/5～1/3。

（2）为增加夹具的使用可靠性和使用寿命，必须考虑夹具使用过程中的磨损补偿，在不增加制造困难的前提下，应尽量把夹具的公差定得小一些。

（3）为了减少加工的困难，有时允许适当放宽夹具各组成元件的制造公差，而采用调整法、修配法、装配后加工、就地加工等方法提高夹具的制造精度。

（4）夹具中的尺寸、公差和技术要求应表示清楚，不可相互矛盾和重复；凡标注公差要求的部位，必须有相应的检验基准。

（5）夹具中对于精度要求较高的定位元件，应用质地较好的材料制造，其淬火硬度一般不低于50HRC，以保持精度。

（6）夹具设计中，不论工件尺寸公差是单向分布还是双向分布，都应改为以平均尺寸作为基本尺寸和双向对称分布的公差，以此作为夹具的相应基本尺寸，然后规定夹具的制造公差。例如，工件两孔中心距尺寸为 $180^{+0.06}_{0}$ mm，设计夹具时，如果将夹具的尺寸公差标注为 (180±0.01)mm 就错了，因为此时夹具孔距的最小极限尺寸为179.985mm，显然已超出工件的公差范围。正确的标注是，先将工件尺寸及公差改为 (180.03±0.03)mm，以180.03mm 作为夹具的基本尺寸，然后取其对称分布公差 ±0.03mm 的 1/3，即 ±0.01mm 作为夹具的制造公差，这样才能满足工件的精度要求。

## 二、夹具各组成元件的相互位置精度和相关尺寸公差的制订

一般夹具公差可分为与工件加工尺寸直接有关的和与工件尺寸无关的两类。

**1. 与工件的工序尺寸公差和技术要求直接有关的夹具尺寸公差和技术要求**

这类公差可直接由工件的尺寸公差和技术要求来制订夹具相应的尺寸公差和技术要求，多数沿用经验公式来确定，即取工件相应工序尺寸公差的 1/5 ~ 1/3 作为夹具的公差，具体选取时则必须结合工件的加工精度、批量大小以及工厂的生产技术水平等因素进行细致分析和全面考虑。

表 3-10 列出了各类机床夹具公差与工件相应公差的比例关系；表 3-11、表 3-12 分别列出了按工件相应尺寸公差和角度公差选取夹具公差的参考数据。

表 3-10　按工件公差选取夹具公差的比例

| 夹具类型 | 工件工序尺寸公差/mm | | | | |
|---|---|---|---|---|---|
| | 0.03 ~ 0.10 | 0.10 ~ 0.20 | 0.20 ~ 0.30 | 0.30 ~ 0.50 | 自由尺寸 |
| 车床夹具 | $\frac{1}{4}$ | $\frac{1}{4}$ | $\frac{1}{5}$ | $\frac{1}{5}$ | $\frac{1}{5}$ |
| 钻床夹具 | $\frac{1}{3}$ | $\frac{1}{4}$ | $\frac{1}{4}$ | $\frac{1}{5}$ | $\frac{1}{5}$ |
| 镗床夹具 | $\frac{1}{3}$ | $\frac{1}{3}$ | $\frac{1}{4}$ | $\frac{1}{4}$ | $\frac{1}{5}$ |

表 3-11　按工件尺寸公差确定夹具相应尺寸公差的参考数据　（单位：mm）

| 工件尺寸公差 | | 夹具尺寸公差 | 工件尺寸公差 | | 夹具尺寸公差 |
|---|---|---|---|---|---|
| 由 | 到 | | 由 | 到 | |
| 0.008 | 0.01 | 0.005 | 0.20 | 0.24 | 0.08 |
| 0.01 | 0.02 | 0.006 | 0.24 | 0.28 | 0.09 |
| 0.02 | 0.03 | 0.010 | 0.28 | 0.34 | 0.10 |
| 0.03 | 0.05 | 0.015 | 0.34 | 0.45 | 0.15 |
| 0.05 | 0.06 | 0.025 | 0.45 | 0.65 | 0.20 |
| 0.06 | 0.07 | 0.030 | 0.65 | 0.90 | 0.30 |
| 0.07 | 0.08 | 0.035 | 0.90 | 1.30 | 0.40 |
| 0.08 | 0.09 | 0.040 | 1.30 | 1.50 | 0.50 |
| 0.09 | 0.10 | 0.045 | 1.50 | 1.60 | 0.60 |
| 0.10 | 0.12 | 0.050 | 1.60 | 2.00 | 0.70 |
| 0.12 | 0.16 | 0.060 | 2.00 | 2.50 | 0.80 |
| 0.16 | 0.20 | 0.070 | 2.50 | 3.00 | 1.00 |

表 3-12　按工件角度公差确定夹具相应角度公差的参考数据

| 工件角度公差 | | 夹具角度公差 | 工件角度公差 | | 夹具角度公差 |
|---|---|---|---|---|---|
| 由 | 到 | | 由 | 到 | |
| 0°00′50″ | 0°01′30″ | 0°00′30″ | 0°20′ | 0°25′ | 0°10′ |
| 0°01′30″ | 0°20′30″ | 0°01′00″ | 0°25′ | 0°35′ | 0°12′ |
| 0°02′30″ | 0°03′30″ | 0°01′30″ | 0°35′ | 0°50′ | 0°15′ |
| 0°03′30″ | 0°04′30″ | 0°02′00″ | 0°50′ | 1°00′ | 0°20′ |
| 0°04′30″ | 0°06′00″ | 0°02′30″ | 1°00′ | 1°30′ | 0°30′ |
| 0°06′00″ | 0°08′00″ | 0°03′00″ | 1°30′ | 2°00′ | 0°40′ |
| 0°08′00″ | 0°10′00″ | 0°04′00″ | 2°00′ | 3°00′ | 1°00′ |
| 0°10′00″ | 0°15′00″ | 0°05′00″ | 3°00′ | 4°00′ | 1°20′ |
| 0°15′00″ | 0°20′00″ | 0°08′00″ | 4°00′ | 5°00′ | 1°40′ |

夹具各组成元件间的位置精度一般应考虑以下几方面的要求：

（1）定位面之间或者定位面与夹具的安装基面之间的平行度或垂直度等要求。

（2）定位面本身的几何公差等要求。

（3）导向元件之间、导向元件与定位面或夹具安装基面之间的同轴度、平行度或垂直度要求。

（4）对刀块工作面至定位面的距离公差。

以上这些技术要求都是为了满足工件的加工精度而提出的。为了保证操作正常而安全地进行，有时还需要规定一些其他技术要求，例如有些钻孔工序，被钻的孔与其定位基准面之间并无垂直度要求，但为了使钻头能正常工作而不致折断，往往规定钻套中心对钻模底面的垂直度要求等。

凡与工件要求有关的夹具位置精度要求的公差数值，同样按工件相应技术要求公差的 $1/5 \sim 1/3$ 选取。若工件没有提出具体技术要求，则可参考下列数值选用：

（1）同一平面上的支承钉或支承板的平面度公差为 0.02mm。

（2）定位面对夹具安装基面的平行度或垂直度在 100mm 内公差为 0.02mm。

**2. 与工件工序尺寸无关的夹具尺寸公差和技术要求**

与工件尺寸公差无关的尺寸公差多属于夹具内部的结构尺寸公差，例如定位元件与夹具体的配合尺寸公差、夹紧机构上各组成零件间的配合尺寸公差等。这类尺寸公差主要是根据零件在夹具中的功用和装配要求，而直接根据国家标准选取配合种类和公差等级，并根据机构的性能要求提出相应的要求等。

## 三、夹具公差与配合的选择

### 1. 夹具常用的配合种类和公差等级

夹具的公差等级与配合应符合国家标准。机床夹具常用的配合种类和公差等级见表 3-13。

表 3-13 机床夹具常用的配合种类和公差等级

| 配合件的工作形式 | | 精度要求 | | 示 例 |
|---|---|---|---|---|
| | | 一般精度 | 较高精度 | |
| 定位元件与工件定位基面间的配合 | | $\dfrac{H7}{h6}、\dfrac{H7}{g6}、\dfrac{H7}{f7}$ | $\dfrac{H6}{h5}、\dfrac{H6}{g5}、\dfrac{H6}{f5}$ | 定位销与工件定位基准孔的配合 |
| 有导向作用，并有相对运动的元件间的配合 | | $\dfrac{H7}{h6}、\dfrac{H7}{g6}、\dfrac{H7}{f7}$ $\dfrac{H7}{h6}、\dfrac{G7}{h6}、\dfrac{F8}{h6}$ | $\dfrac{H6}{h5}、\dfrac{H6}{g5}、\dfrac{H6}{f5}$ $\dfrac{H6}{h5}、\dfrac{G6}{h5}、\dfrac{F7}{h5}$ | 移动定位元件、刀具与导套的配合 |
| 无导向作用但有相对运动元件间的配合 | | $\dfrac{H8}{f9}、\dfrac{H8}{d9}$ | $\dfrac{H8}{f8}$ | 移动夹具底座与滑座的配合 |
| 没有相对运动元件间的配合 | 无紧固件 | $\dfrac{H7}{n6}、\dfrac{H7}{r6}、\dfrac{H7}{s6}$ | | 固定支承钉、定位销 |
| | 有紧固件 | $\dfrac{H7}{m6}、\dfrac{H7}{k6}、\dfrac{H7}{js6}$ | | |

注：表中配合种类和公差等级仅供参考；根据夹具的实际结构和功用要求，也可选用其他的配合种类和公差等级。

## 2. 夹具常用元件的配合实例

表 3-14 列举了一些夹具常用元件的配合，可供夹具设计时参考。

表 3-14 夹具常用元件的配合

| 配合元件名称 | | 图 例 | 配合元件名称 | | 图 例 |
|---|---|---|---|---|---|
| 定位销和支承钉与其配合件的典型配合 | 定位销 | $d\left(\dfrac{H7}{r6}\right)$ | 活动支承件的典型配合 | 浮动锥形定位销 | $d\left(\dfrac{H7}{g6}\right)$ $D\left(\dfrac{H7}{m6}\right)$ |
| | 菱形销 | $d\left(\dfrac{H7}{n6}\right)$ | | 浮动V形块 | $d\left(\dfrac{H7}{f7}\right)$ |
| | 盖板式钻模定位销 | $d\left(\dfrac{H7}{r6}\right)$ | 可动元件的典型配合 | 滑动钳口 | $H\left(\dfrac{H7}{h6}\right)$ $L\left(\dfrac{H7}{f7}\right)$ |
| | 支承钉 | $d\left(\dfrac{H7}{n6}\right)$ | | 滑动V形块 | $L\left(\dfrac{H7}{h6}\right)$ $H\left(\dfrac{H7}{f7}\right)$ |
| | 可换定位销 | $d\left(\dfrac{H7}{h6}\right)$ $d\left(\dfrac{H7}{h6}\right)$ | | 滑动夹具底板 | $L\left(\dfrac{H8}{d6}\right)$ $H\left(\dfrac{H7}{f7}\right)$ $L\left(\dfrac{H8}{d6}\right)$ $H\left(\dfrac{H7}{f7}\right)$ |
| | 大尺寸定位销 | $Df7$ $d\left(\dfrac{H7}{h6}\right)$ | | | |

（续）

| 配合元件名称 | 图 例 | 配合元件名称 | 图 例 |
|---|---|---|---|
| 固定元件的典型配合 — 钻模板 | 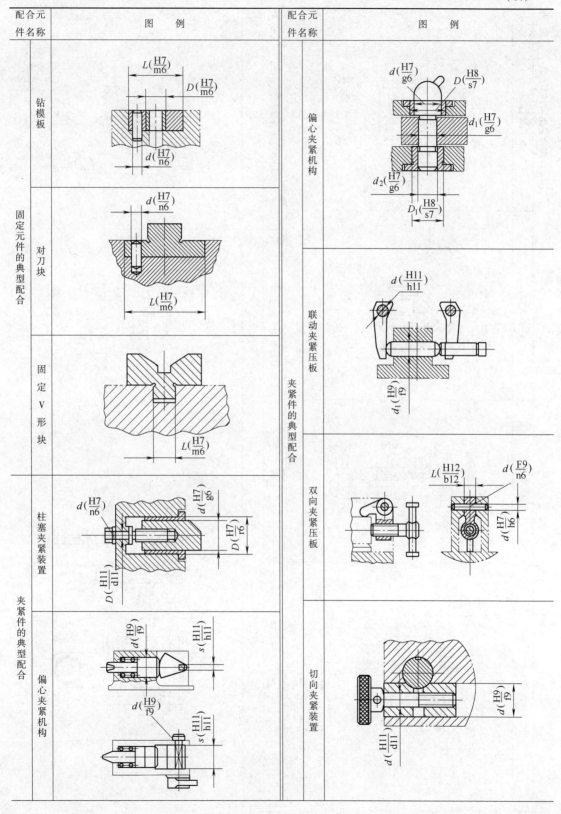 | 夹紧件的典型配合 — 偏心夹紧机构 | |
| 固定元件的典型配合 — 对刀块 | | 夹紧件的典型配合 — 联动夹紧压板 | |
| 固定元件的典型配合 — 固定V形块 | | 夹紧件的典型配合 — 双向夹紧压板 | |
| 夹紧件的典型配合 — 柱塞夹紧装置 | | 夹紧件的典型配合 — 切向夹紧装置 | |
| 夹紧件的典型配合 — 偏心夹紧机构 | | | |

（续）

| 配合元件名称 | 图例 | 配合元件名称 | 图例 |
|---|---|---|---|
| 夹紧件的典型配合 | 钩形压板 | 分度定位机构的典型配合 | 分度插销 |
| 分度定位机构的典型配合 | 分度转轴 | 辅助支承的典型配合 | 辅助支承 |
| 分度定位机构的典型配合 | 分度定位销 | 其他典型配合 | 铰链钻模板 |
| | 杠杆式定位销 | | |

### 四、夹具零件的公差和技术要求

**1. 夹具标准零件和部件的技术要求**

夹具常用的零件及部件都已标准化,从标准中可查出夹具零件及部件的结构尺寸、公差等级、表面粗糙度、材料及热处理条件等。它们的技术要求可参阅 JB/T 8044—1999《机床夹具零件及部件技术要求》。

机床夹具零件及部件的技术要求中规定:

(1)制造零件及部件采用的材料应符合相应的标准规定。允许采用力学性能不低于原规定牌号的其他材料制造。

(2)铸件不允许有裂纹、气孔、砂眼、缩松、夹渣、浇口、冒口,飞翅应铲平,并将结疤、粘砂清除干净。

(3)锻件不允许有裂纹、皱折及飞边等缺陷。

(4)机械加工前,对铸件或锻件应经时效处理或退火、正火处理。

(5)零件加工表面不应有锈蚀或机械损伤。

(6)热处理后的零件应清除氧化皮、脏物和油污、不允许有裂纹或龟裂等缺陷。

(7)零件上的内外螺纹均不得渗碳。

(8)加工面未注公差的尺寸,其尺寸公差按国标规定选取。

(9)未注几何公差的加工面应按国标规定选取。

(10)经磁力吸盘吸附过的零件应退磁。

(11)零件的中心孔应符合 GB/T 145—2001 的规定。

(12)零件焊缝不应有未填满的弧坑、气孔、夹渣、基体材料烧伤等缺陷,焊接后应经退火或正火处理。

(13)采用冷拉四方钢材(按 GB/T 905—1994)、六角钢材(按 GB/T 905—1994)或圆钢材(按 GB/T 905—1994)制造的零件,其外形尺寸符合要求时,可不加工。

(14)铸件和锻件的机械加工余量和尺寸偏差按各相应标准的规定。

(15)一般情况下,零件的锐边应倒钝。

(16)零件滚花应符合 GB/T 6403.3—2008 的规定。

(17)砂轮越程槽应符合 GB/T 6403.5—2008 的规定。

(18)普通螺纹的基本尺寸应符合 GB/T 196—2003 的规定,其公差和配合按 GB/T 197—2003 规定中的中等精度。

(19)非配合的锥度和角度的自由公差按 GB/T 1804—2000 中 C 级的规定。

(20)图样上未注明的螺纹精度一般选 6H/6g 精度等级。未注明的表面粗糙度按 $Ra$ 等于 3.2μm。

(21)梯形螺纹的牙型与基本尺寸应符合 GB/T 5796.3—2005 的规定,其公差应符合 GB/T 5796.4—2005 的规定。

(22)偏心轮工作面母线对配合孔的中心线的平行度,在 100mm 长度上应不大于 0.1mm。

(23)垫圈的外廓对内孔的同轴度应不大于表 3-15 中的规定。

**2. 夹具专用零件的公差和技术要求**

设计夹具专用零件及部件时，其公差和技术要求可依据夹具总装配图上标注的配合种类和公差等级以及技术要求，参照标准《机床夹具零件及部件技术要求》制订。一般包括以下内容：

（1）夹具零件毛坯的技术要求。如毛坯的质量、硬度、毛坯热处理以及精度要求等。

（2）夹具零件常用材料和热处理的技术要求。包括为改善机械加工性能和为达到要求的力学性能而提出的热处理要求。所定要求应与选用的材料和零件在夹具中的作用相适应。夹具主要零件常用的材料和热处理技术要求见表3-16。

表3-15　垫圈外廓对内孔的同轴度公差　　　　　　（单位：mm）

| 公称直径 | 4 ~ 8 | 10 ~ 12 | 16 ~ 20 | ≥20 |
|---|---|---|---|---|
| 同轴度公差 | 0.4 | 0.5 | 0.6 | 0.7 |

表3-16　夹具主要零件常用的材料和热处理技术要求

| 零件种类 | 零件名称 | 材　料 | 热处理要求 |
|---|---|---|---|
| 壳体零件 | 夹具体及形状复杂的壳体 | HT200 | 时效 |
| | 焊接壳体 | Q235 | |
| | 花盘和车床夹具体 | HT300 | 时效 |
| 定位元件 | 定位心轴 | $D \leqslant 35mm$ T8A<br>$D > 35mm$ 45 | 淬火 55 ~ 60HRC<br>淬火 43 ~ 48HRC |
| 夹紧零件 | 斜楔 | 20 | 渗碳、淬火、回火 54 ~ 60HRC<br>渗碳深度 0.8 ~ 1.2mm |
| | 各种形状的压板 | 45 | 淬火、回火 40 ~ 45HRC |
| | 卡爪 | 20 | 渗碳、淬火、回火 54 ~ 60HRC<br>渗碳深度 0.8 ~ 1.2mm |
| | 钳口 | 20 | 渗碳、淬火、回火 54 ~ 60HRC<br>渗碳深度 0.8 ~ 1.2mm |
| | 台虎钳丝杆 | 45 | 淬火、回火 35 ~ 40HRC |
| | 切向夹紧用螺栓和衬套 | 45 | 调质 225 ~ 255HBW |
| | 弹簧夹头心轴用螺母 | 45 | 淬火、回火 35 ~ 40HRC |
| | 弹性夹头 | 65Mn | 夹头部分淬火、回火 56 ~ 61HRC<br>弹性部分淬火 43 ~ 48HRC |
| 其他零件 | 活动零件用导板 | 45 | 淬火、回火 35 ~ 40HRC |
| | 靠模、凸轮 | 20 | 渗碳、淬火、回火 54 ~ 60HRC<br>渗碳深度 0.8 ~ 1.2mm |
| | 分度盘 | 20 | 渗碳、淬火、回火 58 ~ 64HRC<br>渗碳深度 0.8 ~ 1.2mm |
| | 低速运转的轴承衬套和轴瓦 | ZCuSn10Pb1 | |
| | 高速运转的轴承衬套和轴瓦 | ZCuPb30 | |

（3）夹具零件的尺寸公差和技术要求。

1）工件有公差要求的尺寸，夹具零件的相应尺寸公差应为工件公差的1/5 ~ 1/2。

2）工件无公差要求的直线尺寸，夹具零件的相应尺寸公差可取为±0.1mm。

3）工件无角度公差要求的角度尺寸，夹具零件的相应角度公差可取为 ±10′。

4）紧固件用孔中心距 $L$ 的公差。当 $L < 150mm$ 时，可取 ±0.1mm；$L > 150mm$ 时，取 ±0.15mm。

5）夹具体上的找正基面，是用来找正夹具在机床上位置的，同时也是夹具制造和检验的基准。因此，必须保证夹具体上安装其他零件（尤其是定位元件）的表面与找正基面的垂直度或平行度小于 0.01mm。

6）找正基面本身的直线度或平面度应小于 0.005mm。

7）夹具体、模板、立柱、角铁、定位心轴等夹具元件的平面与平面之间、平面与孔之间、孔与孔之间的平行度、垂直度和同轴度等，应取工件相应公差的 1/3~1/2。

（4）夹具零件的表面粗糙度。夹具定位元件工作表面的表面粗糙度数值应比工件定位基准表面的表面粗糙度数值降低 1~3 个数值段。夹具零件主要的表面粗糙度见表 3-17。

表 3-17 夹具零件主要的表面粗糙度（$Ra$） （单位：μm）

| 表面形状 | 表面名称 | | 精度等级 | 外圆或外侧面 | 内孔或内侧面 | 举 例 |
|---|---|---|---|---|---|---|
| 圆柱面 | 有相对运动的配合表面 | | 6 | 0.2<br>(0.25,0.32) | | 快换钻套、手动定位销 |
| | | | 7 | 0.2<br>(0.25,0.32) | 0.4<br>(0.5,0.63) | 导向销 |
| | | | 8,9 | 0.4<br>(0.5,0.63) | | 衬套定位销 |
| | | | 11 | 1.6<br>(2.0,2.5) | 3.2<br>(4.0,5.0) | 转动轴颈 |
| | 无相对运动的配合表面 | | 7 | 0.4<br>(0.5,0.63) | 0.8<br>(1.0,1.25) | 圆柱销 |
| | | | 8,9 | 0.8<br>(4.0,5.0) | 1.6<br>(2.0,2.5) | 手 柄 |
| | | | 自由尺寸 | 3.2<br>(4.0,5.0) | | 活动手柄、压板 |
| 平面 | 有相对运动的配合表面 | 一般平面 | 7 | 0.4<br>(0.5,0.63) | | T 形槽 |
| | | | 8,9 | 0.8<br>(1.0,1.25) | | 活动 V 形块、叉形偏心轮、铰链两侧面 |
| | | | 11 | 1.6<br>(2.0,2.5) | | 叉头零件 |
| | | 特殊配合 | 精确 | 0.4<br>(0.5,0.63) | | 燕尾导轨 |
| | | | 一般 | 1.6<br>(2.0,2.5) | | 燕尾导轨 |
| | 无相对运动的表面 | | 8,9 | 0.8<br>(1.0,1.25) | 1.6<br>(2.0,2.5) | 定位键侧面 |
| | | | 特殊配合 | 0.8<br>(1.0,1.25) | 1.6<br>(2.0,2.5) | 键两侧面 |

（续）

| 表面形状 | 表面名称 | | 精度等级 | 外圆或外侧面 | 内孔或内侧面 | 举 例 |
|---|---|---|---|---|---|---|
| 平面 | 有相对运动的导轨面 | | 精确 | 0.4<br>(0.5,0.63) | | 导轨面 |
| | | | 一般 | 1.6<br>(2.0,2.5) | | 导轨面 |
| | 无相对<br>运动 | 夹具体基面 | 精确 | 0.4<br>(0.5,0.63) | | 夹具体安装面 |
| | | | 中等 | 0.8<br>(1.0,1.25) | | 夹具体安装面 |
| | | | 一般 | 1.6<br>(2.0,2.5) | | 夹具体安装面 |
| | | 安装夹具<br>零件的基面 | 精确 | 0.4<br>(0.5,0.63) | | 安装元件的表面 |
| | | | 中等 | 1.6<br>(2.0,2.5) | | 安装元件的表面 |
| | | | 一般 | 3.2<br>(4.0,5.0) | | 安装元件的表面 |
| 锥形表面 | 中心孔 | | 精确 | 0.4<br>(0.5,0.63) | | 顶尖、中心孔、铰链侧面 |
| | | | 一般 | 1.6<br>(2.0,2.5) | | 导向定位件导向部分 |
| | 无相对<br>运动 | 安装刀具的<br>锥柄和锥孔 | 精确 | 0.2<br>(0.25,0.32) | 0.4<br>(0.5,0.63) | 工具圆锥 |
| | | | 一般 | 0.4<br>(0.5,0.63) | 0.8<br>(1.0,1.25) | 弹簧夹头、圆锥销、轴 |
| | | 固定紧固用 | | 0.4<br>(0.5,0.32) | 0.8<br>(1.0,1.25) | 锥面锁紧表面 |
| 紧固件<br>表面 | 螺钉头部 | | | 3.2<br>(4.2,5.0) | | 螺栓、螺钉 |
| | 穿过紧固件的内孔面 | | | 6.3<br>(8.0,10.0) | | 压板孔 |
| 密封性<br>配合面 | 有相对运动 | | | 0.1<br>(0.125,0.16) | | 缸体内表面 |
| | 无相对<br>运动 | 软垫圈 | | 1.6<br>(2.0,2.5) | | 缸盖端面 |
| | | 金属垫圈 | | 0.8<br>(1.0,1.25) | | 缸盖端面 |
| 定位平面 | | | 精确 | 0.4<br>(0.5,0.63) | | 定位件工作表面 |
| | | | 一般 | 0.8<br>(1.0,1.25) | | 定位件工作表面 |

（续）

| 表面形状 | 表面名称 | 精度等级 | 外圆或外侧面 | 内孔或内侧面 | 举 例 |
|---|---|---|---|---|---|
| 孔面 | 径向轴承 | D、E | | 0.4 (0.5,0.63) | 安装轴承内孔 |
| | | G、F | | 0.8 (1.0,1.25) | 安装轴承内孔 |
| 端面 | 推力轴承 | | | 1.6 (2.0,2.5) | 安装推力轴承端面 |
| 孔面 | 滚针轴承 | | | 0.4 (0.5,0.63) | 安装轴承内孔 |
| 刮研平面 | 20~25 点/25mm×25mm | | | 0.05 (0.063,0.080) | 结合面 |
| | 16~20 点/25mm×25mm | | | 0.1 (0.125,0.16) | 结合面 |
| | 13~16 点/25mm×25mm | | | 0.2 (0.25,0.32) | 结合面 |
| | 10~13 点/25mm×25mm | | | 0.4 (0.5,0.63) | 结合面 |
| | 8~10 点/25mm×25mm | | | 0.8 (1.0,1.25) | 结合面 |

注：括弧中的数值为第二系列。

## 五、夹具制造和使用说明

**1. 夹具制造说明**

对于要用特殊方法进行加工或装配才能达到图样要求的夹具，必须在夹具的总装图上注以制造说明。其内容有以下几方面：

（1）必须先进行装配或装配一部分以后再进行加工的表面。

（2）用特殊方法加工的表面。

（3）新型夹具的某些特殊结构。

（4）某些夹具手柄的特殊位置。

（5）制造时需要相互配作的零件。

（6）气、液压动力部件的技术要求。

**2. 夹具使用说明**

为了正确合理地使用与保养夹具，有些夹具图中需注以使用说明，其内容一般包括：

（1）多工位加工的加工顺序。

（2）夹紧力的大小、夹紧的顺序、夹紧的方法。

（3）使用过程中需加的平衡装置。

（4）装夹多种工件的说明。

（5）同时使用的通用夹具或转台。

（6）使用时的安全问题。

（7）使用时的调整说明。

（8）高精度夹具的保养方法。

# 第四章

## 课程设计实例

为了便于学生做好课程设计，尤其是指导学生撰写设计说明书，本章列举了一个课程设计的实例，供学生参考。学生应在教师的指导下，结合自己的课题，做出有自己特色的设计。

课程设计说明书全面、系统地记录和介绍了学生课程设计的整个过程。课程设计说明书通常包括以下内容：

**1. 封面**

**2. 目录**

**3. 设计任务书**

**4. 课程设计说明书正文**

（包括工艺规程设计和夹具设计的全部内容）

封面

# ××××大学

## 机械制造工艺学

# 课程设计说明书

**设计题目** 设计"万向节滑动叉"零件的机械加工

工艺规程及工艺装备（生产纲领：4000 件）

班　　别 _____

设 计 者 _____

指导教师 _____

评定成绩 _____

设计日期　　　年　月　日至　月　日

目录

# 目　　录

# ××××大学

# 机械制造工艺学课程设计任务书

**设计题目** 设计"万向节滑动叉"零件的机械加工
工艺规程及工艺装置（生产纲领：4000件）

**设计内容：** 1. 产品零件图                       1张

                2. 产品毛坯图                       1张

                3. 机械加工工艺过程卡片           1份

                4. 机械加工工序卡片               1套

                5. 夹具设计装配图                 1份

                6. 夹具设计零件图              1~2张

                7. 课程设计说明书                 1份

班      别 _____

设 计 者 _____

指 导 教 师 _____

教研室主任 _____

年     月     日

课程设计说明书正文

# 序　言

机械制造工艺学课程设计是在我们学完了大学的全部基础课、技术基础课以及大部分专业课之后进行的。这是我们在进行毕业设计之前对所学各课程的一次深入的综合性的链接，也是一次理论联系实际的训练。因此，它在我们的大学学习生活中占有十分重要的地位。

就我个人而言，我希望能通过这次课程设计对自己未来将从事的工作进行一次适应性训练，从中锻炼自己分析问题、解决问题的能力，为今后参加祖国的现代化建设打下一个良好的基础。

由于能力所限，设计尚有许多不足之处，恳请各位老师给予指教。

## 一、零件的分析

### （一）零件的作用

题目所给定的零件是解放牌汽车底盘传动轴上的万向节滑动叉（见图4-1），它位于传动轴的端部。其主要作用，一是传递转矩，使汽车获得前进的动力；二是当汽车后桥钢板弹簧处在不同的状态时，由本零件可以调整传动轴的长短及其位置。零件的两个叉头部位上有两个 $\phi39^{+0.027}_{-0.010}$ mm 的孔，用以安装滚针轴承并与十字轴相连，起万向联轴器的作用。零件 $\phi65$mm 外圆处有一 $\phi50$mm 的内花键与传动轴端部的花键轴相配合，用于传递动力。

### （二）零件的工艺分析

万向节滑动叉共有两组加工表面，它们相互间有一定的位置要求。现分述如下：

1. $\phi39$mm 孔为中心的加工表面。

这一组加工表面包括：两个 $\phi39^{+0.027}_{-0.010}$ mm 的孔及其倒角，尺寸为 $118^{\ 0}_{-0.07}$ mm 的与两个 $\phi39^{+0.027}_{-0.010}$ mm 的孔相垂直的平面，还有在平面上的 4 个 M8 螺孔。其中，主要加工表面为 $\phi39^{+0.027}_{-0.010}$ mm 的两个孔。

2. $\phi50$mm 内花键为中心的加工表面。

这一组加工表面包括：$\phi50^{+0.039}_{0}$ mm 十六齿方齿内花键、$\phi55$mm 阶梯孔以及 $\phi65$mm 的外圆表面和 M60×1 的外螺纹表面。

这两组加工表面之间有着一定的位置要求，主要是：

（1）$\phi50^{+0.039}_{0}$ mm 内花键与 $\phi39^{+0.027}_{-0.010}$ mm 两孔中心连线的垂直度公差为 0.2mm/100mm。

（2）$\phi39$mm 两孔外端面对 $\phi39$mm 孔垂直度公差为 0.1mm。

（3）$\phi50^{+0.039}_{0}$ mm 花键槽宽中心线与 $\phi39$mm 中心线偏转角度公差为 2′。

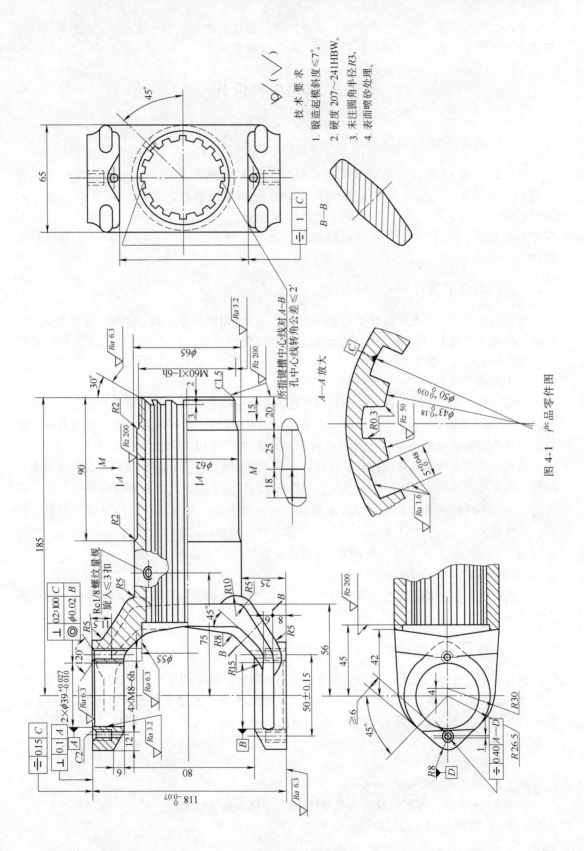

图 4-1 产品零件图

技术要求
1. 锻造起模斜度≤7°。
2. 硬度 207~241HBW。
3. 未注圆角半径 R3。
4. 表面喷砂处理。

由以上分析可知，对于这两组加工表面而言，可以先加工其中一组表面，然后借助于专用夹具加工另一组表面，并且保证它们之间的位置精度要求。

# 二、工艺规程设计

## （一）确定毛坯的制造形式

零件材料为45钢。考虑到汽车在运行中要经常加速及正、反向行驶，零件在工作过程中经常承受交变载荷及冲击性载荷，因此应该选用锻件，以使金属纤维尽量不被切断，保证零件工作可靠。由于零件年产量为4000件，已达到大批生产的水平，而且零件的轮廓尺寸不大，故可采用模锻成型。这对于提高生产率、保证加工质量也是有利的。

## （二）基面的选择

基面的选择是工艺规程设计中的重要工作之一。基面选择得正确、合理，可以保证加工质量，提高生产效率。否则，就会使加工工艺过程问题百出，严重的还会造成零件大批报废，使生产无法进行。

1. 粗基准的选择

对于一般的轴类零件而言，以外圆作为粗基准是完全合理的。但对本零件来说，如果以 $\phi65$mm 外圆（或以 $\phi62$mm 外圆）表面作基准（四点定位），则可能造成这一组内外圆柱表面与零件的交叉部外形不对称。按照有关粗基准的选择原则（即当零件有不加工表面时，应以这些不加工表面作粗基准；若零件有若干个不加工表面时，则应以与加工表面要求相对位置精度较高的不加工表面作为粗基准），现选取叉部两个 $\phi39^{+0.027}_{-0.010}$mm 孔的不加工外轮廓表面作为粗基准，利用一组共两个短 V 形块支承这两个 $\phi39^{+0.027}_{-0.010}$mm 的外轮廓作主要定位面，以消除 $\hat{x}$、$\hat{y}$、$\vec{x}$、$\vec{y}$ 四个自由度，再用一对自动定心的窄口卡爪夹持在 $\phi65$mm 外圆柱面上，用以消除 $\hat{z}$、$\vec{z}$ 两个自由度，达到完全定位。

2. 精基准的选择

精基准的选择主要应该考虑基准重合的问题。当设计基准与工序基准不重合时，应该进行尺寸换算。

## （三）制订工艺路线

制订工艺路线的出发点，应当是使零件的几何形状、尺寸精度及位置精度等技术要求能得到合理的保证。在生产纲领已确定为大批生产的条件下，可以采用万能机床配以专用工、夹具，并尽量使工序集中来提高生产率。除此以外，还应考虑经济效果，以便降低生产成本。

1. 工艺路线方案一

工序 1：车外圆 $\phi62$mm，$\phi60$mm，车螺纹 M60×1。

工序 2：两次钻孔并扩钻花键底孔 $\phi43$mm，锪沉头孔 $\phi55$mm。

工序 3：倒角 5mm×30°。

工序 4：钻 Rc1/8 底孔。

工序 5：拉内花键。

工序 6：粗铣 φ39mm 两孔端面。

工序 7：精铣 φ39mm 两孔端面。

工序 8：钻、扩、粗铣、精铣两个 φ39mm 孔至图样尺寸并锪倒角 C2。

工序 9：钻 M8 底孔 φ6.7mm，倒角 120°。

工序 10：攻螺纹 M8，Rc1/8。

工序 11：冲箭头。

工序 12：终检。

2. 工艺路线方案二

工序 1：粗铣 φ39mm 两孔端面。

工序 2：精铣 φ39mm 两孔端面。

工序 3：钻 φ39mm 两孔（不到尺寸）。

工序 4：镗 φ39mm 两孔（不到尺寸）。

工序 5：精镗 φ39mm 两孔，倒角 C2。

工序 6：车外圆 φ62mm，φ60mm，车螺纹 M60×1。

工序 7：钻、镗孔 φ43mm，并锪沉头孔 φ55mm。

工序 8：倒角 5mm×30°。

工序 9：钻 Rc1/8 底孔。

工序 10：拉内花键。

工序 11：钻 M8 底孔 φ6.7mm，倒角 120°。

工序 12：攻螺纹 M8，Rc1/8。

工序 13：冲箭头。

工序 14：终检。

3. 工艺方案的比较与分析

上述两个工艺方案的特点在于：方案一是先加工以内花键为中心的一组表面，然后以此为基面加工 φ39mm 两孔；而方案二则与其相反，先加工 φ39mm 孔，然后再以此两孔为基准加工内花键及其外表面。经比较可见，先加工内花键后再以内花键定位加工 φ39mm 两孔，这时的位置精度较易保证，并且定位及装夹都较方便。方案一中的工序 8 虽然代替了方案二中的工序 3、4、5，减少了装夹次数，但工序内容太多，只能选用转塔车床，而转塔车床大多用于粗加工，用来加工 φ39mm 两孔不合适。故决定将方案二中的工序 3、4、5 移入方案一，改为两道工序。具体工艺过程如下：

工序 1：车外圆 φ62mm，φ60mm，车螺纹 M60×1。粗基准的选择如前所述。

工序 2：两次钻孔并扩钻花键底孔 φ43mm，锪沉头孔 φ55mm，以 φ62mm 外圆定位。

工序 3：倒角 5mm×30°。

工序 4：钻 Rc1/8 锥螺纹底孔。

工序 5：拉内花键。

工序 6：粗铣 φ39mm 两孔端面，以内花键及其端面为基准。

工序 7：精铣 φ39mm 两孔端面。

工序 8：钻孔两次并扩孔 $\phi39\text{mm}$。

工序 9：精镗并细镗 $\phi39\text{mm}$ 两孔，倒角 $C2$。工序 7、8、9 的定位与基准均与工序 6 相同。

工序 10：钻 M8 螺纹底孔，倒角 120°。

工序 11：攻螺纹 M8，Rc1/8。

工序 12：冲箭头。

工序 13：终检。

以上加工方案大致看来还是合理的。但通过仔细考虑零件的技术要求以及可能采取的加工手段之后，发现仍有问题，主要表现在 $\phi39\text{mm}$ 两个孔及其端面加工要求上。图样规定：$\phi39\text{mm}$ 两孔中心线应与 $\phi50\text{mm}$ 内花键垂直，垂直度公差为 0.2mm/100mm；$\phi39\text{mm}$ 两孔与其外端面应垂直，垂直度公差为 0.1mm。由此可见，因为 $\phi39\text{mm}$ 两孔的中心线要求与 $\phi50\text{mm}$ 内花键中心线相垂直，因此加工及测量 $\phi39\text{mm}$ 孔时应以内花键为基准。这样做，能保证设计基准与工艺基准相重合。在上述工艺路线中也是这样拟订的。同理，$\phi39\text{mm}$ 两孔与其外端面的垂直度（0.1mm）的技术要求在加工与测量时也应遵循上述原则。但在已制订的工艺路线中却没有这样做：加工 $\phi39\text{mm}$ 孔时，以 $\phi50\text{mm}$ 内花键定位（这是正确的）；而加工 $\phi39\text{mm}$ 孔的外端面时，也是以 $\phi50\text{mm}$ 内花键定位。这样做，从装夹上看似乎比较方便，但却违反了基准重合原则，产生了基准不重合误差。具体来说，当 $\phi39\text{mm}$ 两孔的外端面以内花键为基准加工时，如果两个端面与内花键中心线已保证绝对平行的话（这是不可能的），那么由于 $\phi39\text{mm}$ 两孔中心线与内花键仍有 0.2mm/100mm 的垂直度公差，则 $\phi39\text{mm}$ 孔与其外端面的垂直度误差会很大，甚至会超差而报废。这就是基准不重合而造成的结果。为了解决这个问题，原有的加工路线可仍大致保持不变，只是在 $\phi39\text{mm}$ 两孔加工完以后，再增加一道工序：以 $\phi39\text{mm}$ 孔为基准，磨 $\phi39\text{mm}$ 两孔外端面。这样做，可以修正由于基准不重合造成的加工误差，同时也照顾了原有的加工路线中装夹较方便的特点。因此，最后的加工路线确定如下：

工序 1：车端面及外圆 $\phi62\text{mm}$，$\phi60\text{mm}$，并车螺纹 M60×1。以两个叉耳外轮廓及 $\phi65\text{mm}$ 外圆为粗基准，选用 CA6140 卧式车床和专用夹具。

工序 2：钻、扩花键底孔 $\phi43\text{mm}$，并锪沉头孔 $\phi55\text{mm}$。以 $\phi62\text{mm}$ 外圆为基准，选用 C365L 转塔车床。

工序 3：内花键 5mm×30°倒角。选用 CA6140 车床和专用夹具。

工序 4：钻锥螺纹 Rc1/8 底孔。选用 Z525 立式钻床及专用钻模。这里安排钻 Rc1/8 底孔主要是为了下道工序拉内花键时为消除回转自由度而设置的一个定位基准。本工序以内花键定位，并利用叉部外轮廓消除回转自由度。

工序 5：拉内花键。利用内花键底孔 $\phi50\text{mm}$ 端面及 Rc1/8 锥螺纹底孔定位，选用 L6120 卧式拉床加工。

工序 6：粗铣 $\phi39\text{mm}$ 两孔端面，以内花键定位，选用 X6140 卧式铣床加工。

工序 7：钻、扩 $\phi39\text{mm}$ 两孔及倒角。以内花键及端面定位，选用 Z535 立式钻床加工。

工序 8：精、细镗 $\phi39\text{mm}$ 两孔。选用 T7140 型卧式金刚镗床及专用夹具加工，以内花键及其端面定位。

工序 9：磨 $\phi39\text{mm}$ 两孔端面，保证尺寸 $118_{-0.07}^{\ \ 0}\text{mm}$，以 $\phi39\text{mm}$ 孔及内花键定位，选用

M7132H 平面磨床及专用夹具。

工序 10：钻叉部四个 M8 螺纹底孔并倒角。选用 Z525 立式钻床及专用夹具，以内花键及 $\phi 39$mm 孔定位。

工序 11：攻螺纹 $4 \times$ M8 及 Rc1/8。

工序 12：冲箭头。

工序 13：终检。

以上工艺过程详见附表 4-1 机械加工工艺过程卡片和附表 4-2 机械加工工序卡片。

## （四）机械加工余量、工序尺寸及毛坯尺寸的确定

"万向节滑动叉"零件材料为 45 钢，硬度为 207～241HBW，毛坯重量约为 6kg，生产类型为大批生产，可采用在锻锤上合模模锻毛坯。

根据上述原始资料及加工工艺，分别确定各加工表面的机械加工余量、工序尺寸及毛坯尺寸如下：

### 1. 外圆表面（$\phi 62$mm 及 M60 $\times 1$）

考虑其加工长度为 90mm，与其连接的非加工外圆表面直径为 $\phi 65$mm，为简化模锻毛坯的外形，现直接取其外圆表面直径为 $\phi 65$mm。$\phi 62$mm 表面为自由尺寸公差，表面粗糙度值要求为 $Rz200\mu$m，只要求粗加工，此时直径余量 $2Z = 3$mm 已能满足加工要求。

### 2. 外圆表面沿轴线长度方向的加工余量及公差（M60 $\times 1$ 端面）

查《机械制造工艺设计简明手册》（以下简称《工艺手册》）表 2.2-14，其中锻件重量为 6kg，锻件复杂形状系数为 $S_1$，锻件材质系数取 $M_1$，锻件轮廓尺寸（长度方向）> 180～315mm，故长度方向偏差为 $^{+1.5}_{-0.7}$mm。

长度方向的余量查《工艺手册》表 2.2～2.5，其余量值规定为 2.0～2.5mm，现取为 2.0mm。

### 3. 两内孔 $\phi 39^{+0.027}_{-0.010}$mm（叉部）

毛坯为实心，不冲孔。两内孔尺寸公差要求介于 IT7～IT8 之间，参照《工艺手册》表 2.3-9 及表 2.3-12 确定工序尺寸及余量为：

钻孔：$\phi 25$mm

钻孔：$\phi 37$mm          $2Z = 12$mm

扩孔：$\phi 38.7$mm       $2Z = 1.7$mm

精镗：$\phi 38.9$mm       $2Z = 0.2$mm

细镗：$\phi 39^{+0.027}_{-0.010}$mm     $2Z = 0.1$mm

### 4. 内花键（$16 \times \phi 50^{+0.039}_{0}$mm $\times \phi 43^{+0.16}_{0}$mm $\times 5^{+0.048}_{0}$mm）

要求内花键为大径定心，故采用拉削加工。

内孔尺寸为 $\phi 43^{+0.16}_{0}$mm，见图样。参照《工艺手册》表 2.3-9 确定孔的加工余量分配：

钻孔：$\phi 25$mm

钻孔：$\phi 41$mm

扩钻：$\phi 42$mm

拉内花键（$16 \times \phi 50^{+0.039}_{0}$mm $\times \phi 43^{+0.16}_{0}$mm $\times 5^{+0.048}_{0}$mm）

内花键要求大径定心，拉削时的加工余量参照《工艺手册》表 2.3-19 取 $2Z = 1\text{mm}$。

5. $\phi 39^{+0.027}_{-0.010}\text{mm}$ 两孔外端面的加工余量（计算长度为 $118^{\ 0}_{-0.07}\text{mm}$）

（1）按照《工艺手册》表 2.2-25，取加工精度 $F_2$，锻件复杂系数 $S_3$，锻件重 6kg，则两孔外端面的单边加工余量为 $2.0 \sim 3.0\text{mm}$，取 $Z = 2\text{mm}$。锻件的公差按《工艺手册》表 2.2-14，材质系数取 $M_1$，复杂系数 $S_3$，则锻件的偏差为 $^{+1.3}_{-0.7}\text{mm}$。

（2）磨削余量：单边 0.2mm（见《工艺手册》表 2.3-21），磨削公差即零件公差 $-0.07\text{mm}$。

（3）铣削余量：铣削的公称余量（单边）为

$$Z = 2.0\text{mm} - 0.2\text{mm} = 1.8\text{mm}$$

铣削公差：现规定本工序（粗铣）的公差等级为 IT11，因此可知本工序的加工尺寸偏差为 $-0.22\text{mm}$（入体方向）。

由于毛坯及以后各道工序（或工步）的加工都有加工公差，因此所规定的加工余量其实只是名义上的加工余量。实际上，加工余量有最大及最小之分。

由于本设计规定的零件为大批生产，应该采用调整法加工，因此在计算最大、最小加工余量时，应按调整法加工方式予以确定。

$\phi 39\text{mm}$ 两孔外端面尺寸加工余量和工序间余量及公差分布见表 4-1。

万向节滑动叉的锻件毛坯图如图 4-2 所示。

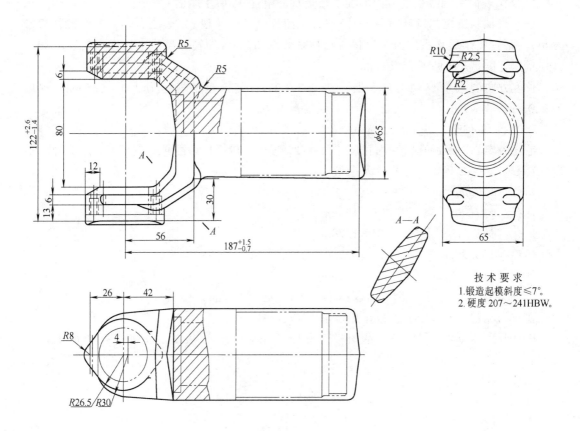

技 术 要 求
1. 锻造起模斜度 ≤7°。
2. 硬度 207～241HBW。

图 4-2　万向节滑动叉的锻件毛坯图

表 4-1 加工余量计算表 （单位：mm）

| 加工尺寸及公差 | 工序 | | 锻件毛坯（$\phi39$ 两端面，零件尺寸 $118_{-0.07}^{0}$） | 粗铣两端面 | 磨两端面 |
|---|---|---|---|---|---|
| 加工前尺寸 | 最大 | | | 124.6 | 118.4 |
| | 最小 | | | 120.6 | 118.18 |
| 加工后尺寸 | 最大 | | 124.6 | 118.4 | 118 |
| | 最小 | | 120.6 | 118.18 | 117.93 |
| 加工余量（单边） | | | 2 | 最大 3.1 | 0.2 |
| | | | | 最小 1.21 | 0.125 |
| 加工公差（单边） | | | $+1.3$ $-0.7$ | $-0.22/2$ | $-0.07/2$ |

## （五）确定切削用量及基本工时

工序 1：车削端面、外圆及螺纹。本工序采用计算法确定切削用量。

**1. 加工条件**

工件材料：45 钢正火，$R_m = 0.60\text{GPa}$，模锻。

加工要求：粗车 $\phi60\text{mm}$ 端面及 $\phi60\text{mm}$、$\phi62\text{mm}$ 外圆，表面粗糙度值 $Rz$ 为 $200\mu\text{m}$；车螺纹 $M60\times1$。

机床：CA6140 卧式车床。

刀具：刀片材料为 YT15，刀杆尺寸为 $16\text{mm}\times25\text{mm}$，$\kappa_r = 90°$，$\gamma_o = 15°$，$\alpha_o = 8°$，$r_\varepsilon = 0.5\text{mm}$。

60°螺纹车刀：刀片材料为 W18Cr4V。

**2. 计算切削用量**

（1）粗车 $M60\times1$ 端面。

1）确定端面最大加工余量：已知毛坯长度方向的加工余量为 $2_{-0.7}^{+1.5}\text{mm}$，考虑 7°的模锻起模斜度，则毛坯长度方向的最大加工余量 $Z_{max} = 7.5\text{mm}$。但实际上，由于以后还要钻花键底孔，因此端面不必全部加工，而可以留出一个 $\phi30\text{mm}$ 的芯部，待以后钻孔时加工掉，故此时实际端面最大加工余量可按 $Z_{max} = 5.5\text{mm}$ 考虑，分两次加工，$a_p = 3\text{mm}$ 计。长度加工公差按 IT12，取 $-0.46\text{mm}$（入体方向）。

2）确定进给量 $f$：根据《切削用量简明手册》（第 3 版）（以下简称《切削手册》）表 1.4，当刀杆尺寸为 $16\text{mm}\times25\text{mm}$，$a_p \leqslant 3\text{mm}$，以及工件直径为 60mm 时

$$f = 0.5 \sim 0.7\text{mm/r}$$

按 CA6140 车床说明书取 $f = 0.51\text{mm/r}$（参见表 3-9）。

3）计算切削速度：按《切削手册》表 1.27，切削速度的计算公式为（寿命选 $T = 60\text{min}$）

$$v_c = \frac{C_v}{T^m a_p^{x_v} f^{y_v}} k_v$$

式中，$C_v = 242$，$x_v = 0.15$，$y_v = 0.35$，$m = 0.2$。$k_v$ 见《切削手册》表 1.28，即

$$k_{Mv} = 1.44, \quad k_{sv} = 0.8, \quad k_{kv} = 1.04, \quad k_{krv} = 0.81, \quad k_{Bv} = 0.97$$

所以 $v_c = \dfrac{242}{60^{0.2} \times 3^{0.15} \times 0.51^{0.35}} \times 1.44 \times 0.8 \times 1.04 \times 0.81 \times 0.97 \, \text{m/min} = 108.6 \, \text{m/min}$

4）确定机床主轴转速：

$$n_s = \frac{1000 v_c}{\pi d_w} = \frac{1000 \times 108.6}{\pi \times 65} \, \text{r/min} \approx 532 \, \text{r/min}$$

按机床说明书，与 532r/min 相近的机床转速为 500r/min 及 560r/min。现选取 560r/min。所以实际切削速度 $v = 114.35 \, \text{m/min}$。

5）计算切削工时：按《工艺手册》表 6.2-1，取

$$l = \frac{65 - 40}{2} \, \text{mm} = 12.5 \, \text{mm}, \quad l_1 = 2 \, \text{mm}, \quad l_2 = 0, \quad l_3 = 0$$

$$t_m = \frac{l + l_1 + l_2 + l_3}{n_w f} i = \frac{12.5 + 2}{600 \times 0.5} \times 2 \, \text{min} = 0.096 \, \text{min}$$

（2）粗车 $\phi 62\text{mm}$ 外圆，同时应校验机床功率及进给机构强度。

1）背吃刀量：单边余量 $Z = 1.5\text{mm}$，可一次切除。

2）进给量：根据《切削手册》表 1.4，选用 $f = 0.5\text{mm/r}$。

3）计算切削速度：见《切削手册》表 1.27

$$v_c = \frac{C_v}{T^m a_p^{x_v} f^{y_v}} k_v = \frac{242}{60^{0.2} \times 1.5^{0.15} \times 0.5^{0.35}} \times 1.44 \times 0.8 \times 0.81 \times 0.97 \, \text{m/min}$$

$$= 116 \, \text{m/min}$$

4）确定主轴转速：

$$n_s = \frac{1000 v_c}{\pi d_w} = \frac{1000 \times 116}{\pi \times 65} \, \text{r/min} = 568 \, \text{r/min}$$

按机床选取 $n = 560\text{r/min}$。所以实际切削速度为

$$v = \frac{\pi d n}{1000} = \frac{\pi \times 65 \times 560}{1000} \, \text{m/min} = 114.35 \, \text{m/min}$$

5）检验机床功率：主切削力 $F_c$ 按《切削手册》表 1.29 所示公式计算

$$F_c = C_{F_c} a_p^{x_{F_c}} f^{y_{F_c}} v_c^{n_{F_c}} k_{F_c}$$

式中，$C_{F_c} = 2795$，$x_{F_c} = 1.0$，$y_{F_c} = 0.75$，$n_{F_c} = -0.15$

$$k_{M_p} = \left( \frac{R_m}{650} \right)^{n_F} = \left( \frac{600}{650} \right)^{0.75} = 0.94, \quad k_{kr} = 0.89$$

所以 $F_c = 2795 \times 1.5 \times 0.5^{0.75} \times 114.35^{-0.15} \times 0.94 \times 0.89 \, \text{N} = 1024.5 \, \text{N}$

切削时消耗功率 $P_c$ 为

$$P_c = \frac{F_c v_c}{6 \times 10^4} = \frac{1024.5 \times 114.35}{6 \times 10^4} \, \text{kW} = 1.95 \, \text{kW}$$

由 CA6140 机床说明书可知，CA6140 主电动机功率为 7.8kW，当主轴转速为 560r/min 时，主轴传递的最大功率为 5.5kW，所以机床功率足够，可以正常加工。

6）校验机床进给系统强度：已知主切削力 $F_c = 1024.5\text{N}$，径向切削力 $F_p$ 按《切削手

册》表 1.29 所示公式计算

$$F_p = C_{F_p} a_p^{x_{F_p}} f^{y_{F_p}} v_c^{n_{F_p}} k_{F_p}$$

式中，$C_{F_p} = 1940$，$x_{F_p} = 0.9$，$y_{F_p} = 0.6$，$n_{F_p} = -0.3$

$$k_{M_p} = \left(\frac{R_m}{650}\right)^{n_F} = \left(\frac{600}{650}\right)^{1.35} = 0.897，k_{kr} = 0.5$$

所以　　　　$F_p = 1940 \times 1.5^{0.9} \times 0.5^{0.6} \times 114.35^{-0.3} \times 0.897 \times 0.5 \mathrm{N} = 199.5 \mathrm{N}$

而轴向切削力　　　　　　　$F_f = C_{F_f} a_p^{x_{F_f}} f^{y_{F_f}} v_c^{n_{F_f}} k_{F_f}$

式中，$C_{F_f} = 2880$，$x_{F_f} = 1.0$，$y_{F_f} = 0.5$，$n_{F_f} = -0.4$

$$k_M = \left(\frac{R_m}{650}\right)^{n_F} = \left(\frac{600}{650}\right)^{1.0} = 0.923，k_k = 1.17$$

于是轴向切削力　　$F_f = 2880 \times 1.5 \times 0.5^{0.5} \times 114.35^{-0.4} \times 0.923 \times 1.17 \mathrm{N} = 499.5 \mathrm{N}$

取机床导轨与床鞍之间的摩擦系数 $\mu = 0.1$，则切削力在纵向进给方向对进给机构的作用力为

$$F = F_f + \mu(F_c + F_p) = 499.5 \mathrm{N} + 0.1 \times (1024.5 + 199.5) \mathrm{N} = 622 \mathrm{N}$$

而机床纵向进给机构可承受的最大纵向力为 3530N（见《切削手册》表 1.30），故机床进给系统可正常工作。

7）切削工时：

$$t = \frac{l + l_1 + l_2}{nf}$$

式中，$l = 90$，$l_1 = 4$，$l_2 = 0$。

所以　　　　$t = \frac{l + l_1 + l_2}{nf} = \frac{90 + 4}{560 \times 0.5} \mathrm{min} = 0.336 \mathrm{min}$

（3）车 $\phi60\mathrm{mm}$ 外圆柱面。

取 $a_p = 1\mathrm{mm}$，$f = 0.51\mathrm{mm/r}$（《切削手册》表 1.6，$Ra = 6.3\mu\mathrm{m}$，刀尖圆弧半径 $r_\varepsilon = 1.0\mathrm{mm}$）

切削速度　　　　　　　　$v_c = \frac{C_v}{T^m a_p^{x_v} f^{y_v}} k_v$

式中，$C_v = 242$，$m = 0.2$，$T = 60$，$x_v = 0.15$，$y_v = 0.35$，$k_M = 1.44$，$k_k = 0.81$

于是　　　$v_c = \frac{242}{60^{0.2} \times 1^{0.15} \times 0.51^{0.35}} \times 1.44 \times 0.81 \mathrm{m/min} = 159 \mathrm{m/min}$

$$n = \frac{1000v}{\pi d} = \frac{1000 \times 159}{\pi \times 60} \mathrm{r/min} = 843 \mathrm{r/min}$$

按机床说明书取　　　　　　$n = 710 \mathrm{r/min}$

则此时　　　　　　　　　　$v = 133.8 \mathrm{m/min}$

切削工时　　　　　　　　　$t = \frac{l + l_1 + l_2}{nf}$

式中，$l = 20$，$l_1 = 4$，$l_2 = 0$，

所以　　　　　　　$t = \frac{20 + 4}{710 \times 0.5} \mathrm{min} = 0.068 \mathrm{min}$

（4）车螺纹 $M60 \times 1$。

1）切削速度的计算：参见《切削用量手册 第3版》（艾兴、肖诗纲编，机械工业出版社，1994）表21，刀具寿命 $T = 60 \mathrm{min}$，采用高速钢螺纹车刀，规定粗车螺纹时 $a_p = 0.17$，走刀次数 $i = 4$；精车螺纹时 $a_p = 0.08$，走刀次数 $i = 2$。

$$v_c = \frac{C_v}{T^m a_p^{x_v} f^{y_v}} k_v$$

式中，$C_v = 11.8$，$m = 0.11$，$x_v = 0.70$，$y_v = 0.3$，螺距 $t_1 = 1$，$k_M = \left(\frac{0.637}{0.6}\right)^{1.75} = 1.11$，$k_k = 0.75$。

所以粗车螺纹时 $\quad v_c = \dfrac{11.8}{60^{0.11} \times 0.17^{0.7} \times 1^{0.3}} \times 1.11 \times 0.75 \mathrm{m/min} = 21.57 \mathrm{m/min}$

精车螺纹时 $\quad v_c = \dfrac{11.8}{60^{0.11} \times 0.08^{0.7} \times 1^{0.3}} \times 1.11 \times 0.75 \mathrm{m/min} = 36.8 \mathrm{m/min}$

2）确定主轴转速：

粗车螺纹时 $\qquad n_1 = \dfrac{1000 v_c}{\pi D} = \dfrac{1000 \times 21.57}{\pi \times 60} \mathrm{r/min} = 114.4 \mathrm{r/min}$

按机床说明书取 $\qquad n = 100 \mathrm{r/min}$

实际切削速度 $\qquad v_c = 18.85 \mathrm{m/min}$

精车螺纹时 $\qquad n_2 = \dfrac{1000 v_c}{\pi D} = \dfrac{1000 \times 36.8}{\pi \times 60} \mathrm{r/min} = 195 \mathrm{r/min}$

按机床说明书取 $\qquad n = 200 \mathrm{r/min}$

实际切削速度 $\qquad v_c = 37.7 \mathrm{m/min}$

3）切削工时：取切入长度 $l_1 = 3 \mathrm{mm}$，粗车螺纹工时

$$t_1 = \frac{l + l_1}{nf} i = \frac{15 + 3}{96 \times 1} \times 4 \mathrm{min} = 0.75 \mathrm{min}$$

精车螺纹工时

$$t_2 = \frac{l + l_1}{nf} i = \frac{15 + 3}{195 \times 1} \times 2 \mathrm{min} = 0.18 \mathrm{min}$$

所以车螺纹的总工时为 $\qquad t = t_1 + t_2 = 0.93 \mathrm{min}$

工序2：钻、扩花键底孔 $\phi 43 \mathrm{mm}$ 及锪沉头孔 $\phi 55 \mathrm{mm}$，选用机床：转塔车床 C365L。切削用量计算如下。

（1）钻孔 $\phi 25 \mathrm{mm}$。

$f = 0.41 \mathrm{mm/r}$（见《切削手册》表2.7）

$v = 12.25 \mathrm{m/min}$（见《切削手册》表2.13及表2.14，按5类加工性考虑）

$$n_s = \frac{1000 \times 12.25}{\pi \times 25} \mathrm{r/min} = 155 \mathrm{r/min}$$

按机床选取 $n_w = 136 \mathrm{r/min}$（按《工艺手册》表4.2-2）

所以实际切削速度 $\quad v = \dfrac{\pi d_w n_w}{1000} = \dfrac{\pi \times 25 \times 136}{1000} \mathrm{m/min} = 10.68 \mathrm{m/min}$

切削工时 $$t = \frac{l + l_1 + l_2}{n_\text{w}f} = \frac{150 + 10 + 4}{136 \times 0.41}\text{min} = 3\text{min}$$

式中,切入 $l_1 = 10\text{mm}$,切出 $l_2 = 4\text{mm}$, $l = 150\text{mm}$。

(2)钻孔 $\phi41\text{mm}$。根据有关资料介绍,利用钻头进行扩钻时,其进给量和切削速度与钻同样尺寸的实心孔时的进给量和切削速度的关系为

$$f = (1.2 \sim 1.8)f_\text{钻}$$

$$v = \left(\frac{1}{2} \sim \frac{1}{3}\right)v_\text{钻}$$

式中 $f_\text{钻}$、$v_\text{钻}$——加工实心孔时的切削用量。

现已知 $f_\text{钻} = 0.56\text{mm/r}$ (《切削手册》表 2.7)

$v_\text{钻} = 19.25\text{m/min}$ (《切削手册》表 2.13)

令 $f = 1.35f_\text{钻} = 0.76\text{mm/r}$ 按机床取 $f = 0.76\text{mm/r}$

$v = 0.4v_\text{钻} = 7.7\text{m/min}$

$$n_\text{s} = \frac{1000v}{\pi D} = \frac{1000 \times 7.7}{\pi \times 41}\text{r/min} = 59\text{r/min}$$

按机床选取 $n_\text{w} = 58\text{r/min}$。

所以实际切削速度为

$$v = \frac{\pi \times 41 \times 58}{1000}\text{m/min} = 7.47\text{m/min}$$

切削工时: $l_1 = 7\text{mm}$, $l_2 = 2\text{mm}$, $l = 150\text{mm}$

因此 $$t = \frac{150 + 7 + 2}{0.76 \times 59}\text{min} = 3.55\text{min}$$

(3)扩花键底孔 $\phi43\text{mm}$。根据《切削手册》表 2.10 规定,查得扩孔钻扩 $\phi43\text{mm}$ 孔时的进给量,并根据机床规格选

$$f = 1.24\text{mm/r}$$

扩孔钻扩孔时的切削速度,根据其他有关资料,确定为

$$v = 0.4v_\text{钻}$$

式中, $v_\text{钻}$ 为用钻头钻同样尺寸实心孔时的切削速度。故

$$v = 0.4v_\text{钻} = 0.4 \times 19.25\text{m/min} = 7.7\text{m/min}$$

$$n_\text{s} = \frac{1000 \times 7.7}{\pi \times 43}\text{r/min} = 57\text{r/min}$$

按机床选取 $$n_\text{w} = 58\text{r/min}$$

切削工时:切入时 $l_1 = 3\text{mm}$,切出时 $l_2 = 1.5\text{mm}$,则

$$t = \frac{150 + 3 + 1.5}{58 \times 1.24}\text{min} = 2.14\text{min}$$

(4)锪圆柱式沉头孔 $\phi55\text{mm}$。根据有关资料介绍,锪沉头孔时进给量及切削速度约为钻孔时的 $1/2 \sim 1/3$,故

$f = 1/3f_\text{钻} = 1/3 \times 0.6\text{mm/r} = 0.2\text{mm/r}$ 按机床取 $0.21\text{mm/r}$

$v = 1/3v_\text{钻} = 1/3 \times 25\text{m/min} = 8.33\text{m/min}$

$$n_\text{s} = \frac{1000}{\pi D} = \frac{1000 \times 8.33}{\pi \times 25}\text{r/min} = 48\text{r/min}$$

按机床选取 $n_w = 44r/min$，所以实际切削速度为

$$v = \frac{\pi D n_w}{1000} = \frac{\pi \times 55 \times 48}{1000}m/min = 8.29m/min$$

切削工时：切入 $l_1 = 2mm$，$l_2 = 0$，$l = 8mm$，因而

$$t = \frac{l + l_1 + l_2}{nf} = \frac{8 + 2}{44 \times 0.21}min = 1.08min$$

在本工步中，加工 $\phi55mm$ 沉头孔的测量长度，由于工艺基准与设计基准不重合，故需进行尺寸换算。按图样要求，加工完毕后应保证尺寸45mm。

工序3：$\phi43mm$ 内孔 $5mm \times 30°$ 倒角（请读者仿前自行拟订，在此从略）

工序4：钻锥螺纹 Rc1/8 底孔（请读者仿前自行拟订，在此从略）

工序5：拉内花键

单面齿升：根据有关手册，确定拉内花键时花键拉刀的单面齿升为0.06mm，拉削速度 $v = 0.06m/s$（3.6m/min）。

切削工时：
$$t = \frac{Z_b l \eta k}{1000 v f_z z}$$

式中　$Z_b$——单面余量，3.5mm（由 $\phi43mm$ 拉削至 $\phi50mm$）；

　　　$l$——拉削表面长度，140mm；

　　　$\eta$——考虑校准部分的长度系数，取1.2；

　　　$k$——考虑机床返回行程系数，取1.4；

　　　$v$——拉削速度（m/min）；

　　　$f_z$——拉刀单面齿升；

　　　$z$——拉刀同时工作齿数，$z = l/p$；$p$ 为拉刀齿距，即

$$p = (1.25 \sim 1.5)\sqrt{l} = 1.35\sqrt{140}mm = 16mm$$

所以，拉刀同时工作齿数 $z = l/p = 140/16 \approx 9$

因而拉削工时：
$$t = \frac{3.5 \times 140 \times 1.2 \times 1.4}{1000 \times 3.6 \times 0.06 \times 9}min = 0.42min$$

工序6：粗铣 $\phi39mm$ 两孔端面，保证尺寸 $118.4_{-0.22}^{\ 0}mm$

$$f_z = 0.08mm/齿（参考《切削手册》表3-3）$$

切削速度：参考有关手册，确定 $v = 0.45m/s$，即27m/min。

采用高速钢镶齿三面刃铣刀，$d_w = 225mm$，齿数 $z = 20$。则

$$n_s = \frac{1000v}{\pi d_w} = \frac{1000 \times 27}{\pi \times 225}r/min = 38r/min$$

现选用 X6140 卧式铣床，根据机床使用说明书，取 $n_w = 37.5r/min$，故实际切削速度为

$$v = \frac{\pi d_w n_w}{1000} = \frac{\pi \times 225 \times 37.5}{1000}m/min = 26.5m/min$$

当 $n_w = 37.5r/min$ 时，工作台的每分钟进给量 $f_m$ 应为

$$f_m = f_z z n_w = 0.08 \times 20 \times 37.5mm/min = 60mm/min$$

查机床说明书，刚好有 $f_m = 60\text{mm}/\text{min}$，故直接选用该值。

切削工时：由于是粗铣，故整个铣刀刀盘不必铣过整个工件，利用作图法，可得出铣刀的行程 $l + l_1 + l_2 = 105\text{mm}$。因此，机动工时为

$$t_m = \frac{l + l_1 + l_2}{f_m} = \frac{105}{60}\text{min} = 1.75\text{min}$$

工序 7：钻、扩 $\phi39\text{mm}$ 两孔及倒角（请读者仿前自行拟订，在此从略）

工序 8：精、细镗 $\phi39^{+0.027}_{-0.010}\text{mm}$ 两孔

选用机床：T7140 金刚镗床。

（1）精镗孔至 $\phi38.9\text{mm}$。单边余量 $Z = 0.1\text{mm}$，一次镗去全部余量，$a_p = 0.1\text{mm}$。

进给量 $f = 0.1\text{mm}/\text{r}$

根据有关手册，确定金刚镗床的切削速度为 $v = 100\text{m}/\text{min}$，则

$$n_w = \frac{1000v}{\pi D} = \frac{1000 \times 100}{\pi \times 39}\text{r}/\text{min} = 816\text{r}/\text{min}$$

由于金刚镗床的主轴转速为无级调速，故以上转速即可作为加工时使用的转速。

切削工时：当加工 1 个孔时

$$l = 19\text{mm}, \ l_1 = 3\text{mm}, \ l_2 = 4\text{mm}$$

$$t_1 = \frac{l + l_1 + l_3}{n_w f} = \frac{19 + 3 + 4}{816 \times 0.1}\text{min} = 0.32\text{min}$$

所以加工两个孔的机动时间为 $t = 0.32\text{min} \times 2 = 0.64\text{min}$

（2）细镗孔至 $\phi39^{+0.027}_{-0.010}\text{mm}$。由于细镗与精镗共用一根镗杆，利用金刚镗床同时对工件精、细镗孔，因此除进给量外，其他切削用量及工时均与精镗相同。

$$a_p = 0.05\text{mm};$$

$$f = 0.1\text{mm}/\text{r};$$

$$n_w = 816\text{r}/\text{min}, \ v = 100\text{m}/\text{min};$$

$$t = 0.64\text{min}$$

工序 9：磨 $\phi39\text{mm}$ 两孔端面（请读者仿前自行拟订，在此从略）

工序 10：钻叉部四个 M8 螺纹底孔并倒角（请读者仿前自行拟订，在此从略）

最后，将以上各工序切削用量、工时定额的计算结果，连同其他加工数据，一并填入机械加工工艺过程卡片和机械加工工序卡片中，见附表 4-1、附表 4-2。

# 三、专用夹具设计

为了提高劳动生产率，保证加工质量，降低劳动强度，通常需要设计专用夹具。

经过与指导教师协商，决定设计第 6 道工序——粗铣 $\phi39\text{mm}$ 两孔端面的铣床夹具。本夹具将用于 X6140 卧式铣床。刀具为两把高速钢镶齿三面刃铣刀，对工件的两个端面同时进行加工。

## （一）设计主旨

本夹具主要用来粗铣 $\phi39$mm 两孔的两个端面，这两个端面对 $\phi39$mm 孔及内花键都有一定的技术要求。但加工到本道工序时，$\phi39$mm 孔尚未加工，而且这两个端面在工序9还要进行磨削加工。因此，在本道工序加工时，主要应考虑如何提高劳动生产率，降低劳动强度，而精度则不是主要问题。

## （二）夹具设计

### 1. 定位基准的选择

由零件图可知，$\phi39$mm 两孔端面应对内花键中心线有平行度及对称度要求，其设计基准为内花键中心线。为了使定位误差为零，应该选择以内花键定位的自动定心夹具。但这种自动定心夹具在结构上将过于复杂，因此这里只选用以内花键为主要定位基面。

为了提高加工效率，现决定用两把镶齿三面刃铣刀对两个 $\phi39$mm 孔端面同时进行加工。同时，为了缩短辅助时间，准备采用气动夹紧装置。

### 2. 切削力及夹紧力的计算

切削刀具：高速钢镶齿三面刃铣刀，$\phi225$mm，$z=20$，则

$$F = \frac{C_F a_{\mathrm{p}}^{x_F} f_z^{y_F} a_e^{n_F} z}{d_0^{q_F} n^{w_F}}$$

式中，$C_F=650$，$a_{\mathrm{p}}=3.1$mm，$x_F=1.0$，$f_z=0.08$min，$y_F=0.72$，$a_e=40$mm（在加工面上测量的近似值），$n_F=0.86$，$d_0=225$mm，$q_F=0.86$，$w_F=0$，$z=20$，所以

$$F = \frac{650 \times 3.1 \times 0.08^{0.72} \times 40^{0.86} \times 20}{225^{0.86}}\mathrm{N} = 1456\mathrm{N}$$

当用两把刀铣削时，$F_{实}=2F=2912$N

水平分力：$F_{\mathrm{H}}=1.1F_{实}=3203$N

垂直分力：$F_{\mathrm{V}}=0.3F_{实}=873$N

在计算切削力时，必须考虑安全系数，安全系数 $K=K_1 K_2 K_3 K_4$。

式中　$K_1$——基本安全系数，$K_1=1.5$；

　　　$K_2$——加工性质系数，$K_2=1.1$；

　　　$K_3$——刀具钝化系数，$K_3=1.1$；

　　　$K_4$——断续切削系数，$K_4=1.1$。

于是　　　　　$F' = KF_{\mathrm{H}} = 1.5 \times 1.1 \times 1.1 \times 1.1 \times 3203\mathrm{N} = 6395\mathrm{N}$

选用气缸-斜楔夹紧机构，楔角 $\alpha=10°$，其结构形式选用Ⅳ型，则扩力比 $i=3.42$。

为克服水平切削力，实际夹紧力 $N$ 应为

$$N(f_1 + f_2) = KF_{\mathrm{H}}$$

所以　　　　　$$N = \frac{KF_{\mathrm{H}}}{f_1 + f_2} = \frac{6395\mathrm{N}}{0.25 + 0.25} = 12790\mathrm{N}$$

式中，$f_1$ 和 $f_2$ 为夹具定位面及夹紧面上的摩擦系数，$f_1=f_2=0.25$。

气缸选用 $\phi 100\text{mm}$。当压缩空气单位压力 $p = 0.5\text{MPa}$ 时，气缸推力为 3900N。由于已知斜楔机构的扩力比 $i = 3.42$，故由气缸产生的实际夹紧力为

$$N_{气} = 3900\text{N} \times i = 3900\text{N} \times 3.42 = 13338\text{N}$$

此时 $N_{气}$ 已大于所需的 12790N 的夹紧力，故本夹具可安全工作。

3. 定位误差分析

（1）定位元件尺寸及公差的确定。本夹具的主要定位元件为一花键轴，该定位花键轴的尺寸与公差现规定为与本零件在工作时与其相配花键轴的尺寸与公差相同，即为 $16 \times 43\text{H}11 \times 50\text{H}8 \times 5\text{H}10$。

（2）计算最大转角。零件图样规定 $\phi 50^{+0.039}_{0}\text{mm}$ 内花键键槽宽中心线与 $\phi 39^{+0.027}_{-0.010}\text{mm}$ 两孔中心线转角公差为 $2'$。由于 $\phi 39\text{mm}$ 孔中心线应与其外端面垂直，故要求 $\phi 39\text{mm}$ 两孔端面之垂线应与 $\phi 50\text{mm}$ 内花键键槽宽中心线转角公差为 $2'$。此项技术要求主要应由花键槽宽配合中的侧向间隙保证。

已知内花键键槽宽为 $5^{+0.048}_{0}\text{mm}$，夹具中定位花键轴键宽为 $5^{-0.025}_{-0.065}\text{mm}$，因此当零件安装在夹具中时，键槽处的最大侧向间隙为

$$\Delta b_{max} = 0.048\text{mm} - (-0.065\text{mm}) = 0.113\text{mm}$$

因此而引起的零件最大转角 $\alpha$ 为

$$\arctan\alpha = \arctan\left(\frac{0.113}{25}\right) = 0.258°$$

由此可知，最大侧隙能满足零件的精度要求。

（3）计算 $\phi 39\text{mm}$ 两孔外端面铣加工后与内花键轴线的最大平行度误差。零件内花键与定位心轴外径的最大间隙为

$$\Delta_{max} = 0.048\text{mm} - (-0.083\text{mm}) = 0.131\text{mm}$$

当定位花键轴的长度取 100mm 时，则由上述间隙引起的最大倾角为 0.131/100。此即为由于定位问题而引起的 $\phi 39\text{mm}$ 孔端面对内花键轴线的最大平行度误差。由于 $\phi 39\text{mm}$ 孔外端面以后还要进行磨削加工，故上述平行度误差值可以允许。

4. 夹具设计及操作的简要说明

如前所述，在设计夹具时，为提高劳动生产率，应首先着眼于机动夹紧，本道工序的铣床夹具就选择了气动夹紧方式。本工序由于是粗加工，切削力较大，为了夹紧工件，势必要增大气缸直径，而这将使整个夹具过于庞大。因此，应设法降低切削力。目前采取的措施有三个：一是提高毛坯的制造精度，使最大背吃刀量降低，以降低切削力；二是选择一种比较理想的斜楔夹紧机构，尽量增加该夹紧机构的扩力比；三是在可能的情况下，适当提高压缩空气的工作压力（由 0.4MPa 增至 0.5MPa），以增加气缸推力。

夹具上装有对刀块，可使夹具在一批零件加工之前与塞尺配合使用很好地对刀；同时，夹具体底面上的一对定位键可使整个夹具在机床工作台上有一正确的安装位置，以利于铣削加工。

铣床夹具的装配图及夹具体零件图分别见图 4-3 和图 4-4。

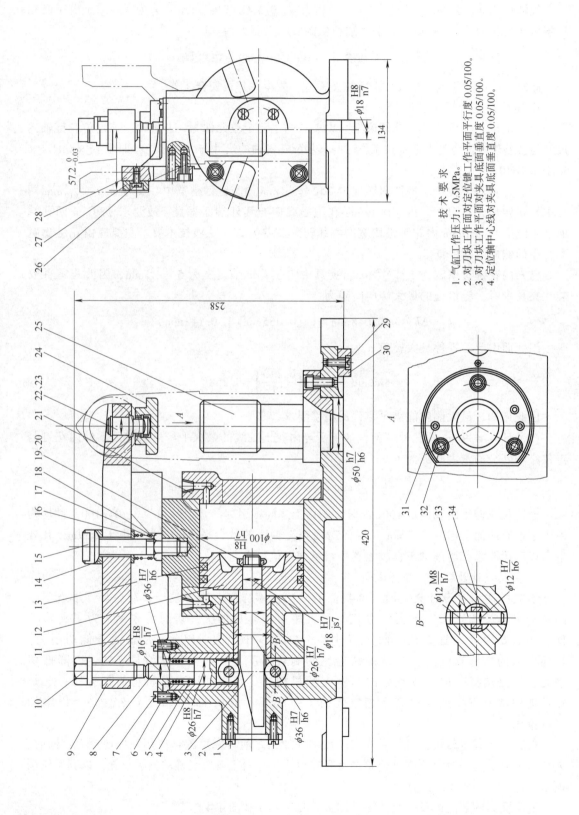

技术要求
1. 气缸工作压力：0.5MPa。
2. 对刀块工作面对定位键工作平面平行度 0.05/100。
3. 对刀块工作平面对夹具底面垂直度 0.05/100。
4. 定位轴中心线对夹具底面垂直度 0.05/100。

| 序号 | 名称 | 件数 | 材料 | 备注 |
|---|---|---|---|---|
| 34 | 滚轴 | 2 | 45钢 | 45~50HRC |
| 33 | 轴 | 2 | 45钢 | 45~50HRC |
| 32 | 内六角圆柱头螺钉 | 7 | 35钢 | M8×20 GB/T 70.1—1985 |
| 31 | 圆锥销 | 4 | 35钢 | 6×25 GB/T 117—2000 |
| 30 | 定位键 | 2 | 45钢 | 43~48HRC |
| 29 | 螺钉 | 1 | 35钢 | M8×18 |
| 28 | 支架 | 1 | 45钢 | |
| 27 | 对刀块 | 1 | T7A | 55~60HRC |
| 26 | 螺钉 | 1 | 35钢 | M8×10 |
| 25 | 定位轴 | 1 | 45钢 | 45~50HRC |
| 24 | 足块 | 1 | 45钢 | 35~40HRC |
| 23 | 弹性挡圈 | 1 | 65Mn | 16 GB/T 894.1—1986 |
| 22 | 轴 | 1 | 45钢 | |
| 21 | 端盖 | 1 | HT200 | |
| 20 | 止动垫圈 | 1 | Q235钢 | 16 GB/T 858—1988 |
| 19 | 圆螺母 | 1 | 45钢 | M16×1.5 GB/T 812—1988 |
| 18 | 弹簧 | 1 | 65Mn | 48~53HRC |
| 17 | 螺母 | 1 | Q235钢 | M16 GB/T 6170—2000 |
| 16 | 垫圈 | 1 | Q235钢 | 16 GB 95—1985 |
| 15 | 球头螺栓 | 1 | 45钢 | AM16×70 35~40HRC |
| 14 | 球面垫圈 | 1 | 45钢 | $D=17,40\sim45HRC$ |
| 13 | O形密封圈 | 2 | 耐油橡胶 | $D=100$ |
| 12 | 活塞 | 1 | ZL301 | |
| 11 | 套 | 1 | 20钢 | |
| 10 | 螺钉 | 1 | 45钢 | M16×50 GB/T 5782—2000 35~40HRC |
| 9 | 压板 | 1 | 35钢 | |
| 8 | 轴 | 1 | 45钢 | |
| 7 | 螺钉 | 4 | 35钢 | M6×14 |
| 6 | 盖 | 1 | 20钢 | |
| 5 | 弹簧 | 1 | 65Mn | |
| 4 | 夹具体 | 1 | HT200 | |
| 3 | 楔轴 | 1 | 45钢 | 50~55HRC |
| 2 | 盖 | 1 | 20钢 | |
| 1 | 螺钉 | 4 | 35钢 | M8×12 |
| 序号 | 名称 | 件数 | 材料 | 备注 |

| 铣床夹具 | | 比例 | 1:1 | 8303 |
|---|---|---|---|---|
| 设计 | | 件数 | | 共1张 第1张 |
| 指导 | | 重量 | × × × | |
| 审核 | | | × | 班 |

图4-3 铣床夹具装配图

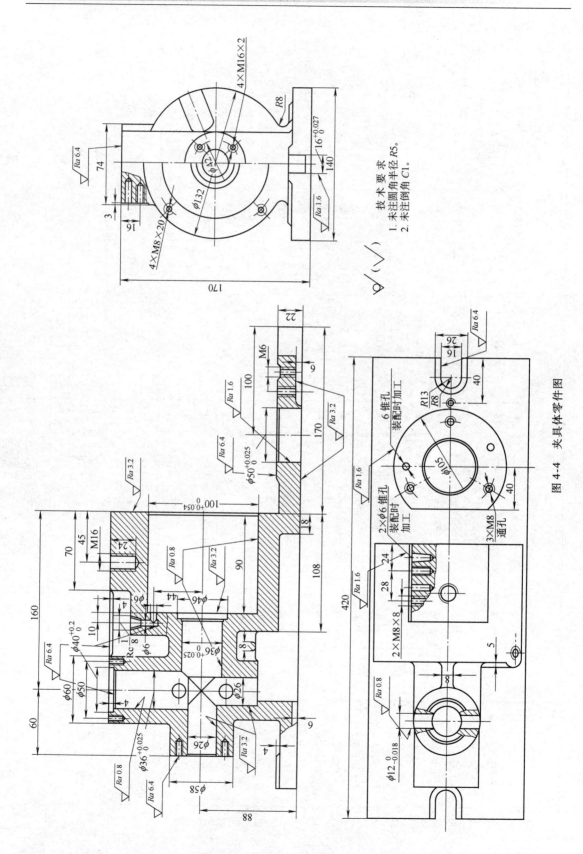

图 4-4 夹具体零件图

技术要求
1. 未注圆角半径 R5。
2. 未注倒角 C1。

## 四、课程设计心得体会

紧张而又辛苦的三周课程设计结束了。当我快要完成老师下达给我的任务的时候，我仿佛经过一次翻山越岭，登上了高山之巅，顿感心旷神怡，眼前豁然开朗。

课程设计是我们专业课程知识综合应用的实践训练，这是我们迈向社会、从事职业工作前一个必不可少的过程。"千里之行始于足下"，通过这次课程设计，我深深体会到这句千古名言的真正含义。我今天认真地进行课程设计，学会脚踏实地地迈开这一步，就是为明天能稳健地在社会大潮中奔跑打下坚实的基础。

说实话，课程设计真是有点累。然而，当我一着手清理自己的设计成果，仔细回味这三周的心路历程，一种少有的成功喜悦即刻使我倦意顿消。虽然这是我刚学会走完的第一步，是我人生中的一点小小的胜利，然而它令我感到自己成熟了许多，令我有了一种"春眠方觉晓"的感悟。

通过课程设计，使我深深体会到，干任何事都必须耐心、细致。课程设计过程中，许多计算有时不免令我感到有些心烦意乱；有两次因为不小心我计算出错，只能毫不情愿地重来。但一想起老师平时对我们耐心的教导，想到今后自己应当承担的社会责任，想到世界上因为某些细小失误而出现的令世人无比震惊的事故，我不禁时刻提醒自己，一定要养成一种高度负责、一丝不苟的良好习惯。这次课程设计使我在工作作风上得到了一次难得的磨炼。

短短三周的课程设计，使我发现了自己所掌握的知识是真正如此的贫乏，自己综合应用所学专业知识的能力是如此的不足，几年来学习了那么多的课程，今天才知道自己并不会用。想到这里，我真的有点心急了。老师却对我说，这说明课程设计确实使你有收获了。老师的亲切勉励像春雨注入我的心田，使我更加自信了。

最后，我要衷心地感谢老师。是您的严厉批评唤醒了我，是您的敬业精神感动了我，是您的谆谆教诲启发了我，是您的殷切期望鼓舞了我。我感谢老师您今天又为我增添了一副坚硬的翅膀。

## 五、参 考 文 献

[1]　艾兴，肖诗纲. 切削用量简明手册 [M]. 3 版. 北京：机械工业出版社，1994.
[2]　李益民. 机械制造工艺设计简明手册 [M]. 2 版. 北京：机械工业出版社，2013.
[3]　刘守勇，李增平. 机械制造工艺与机床夹具 [M]. 3 版. 北京：机械工业出版社，2013.
[4]　徐嘉元，曾家驹. 机械制造工艺学（含机床夹具设计）[M]. 北京：机械工业出版社，1998.
[5]　吴拓. 机械制造工程 [M]. 3 版. 北京：机械工业出版社，2011.
[6]　吴拓. 机械制造工艺与机床夹具 [M]. 北京：机械工业出版社，2006.

**附表 4-1  机械加工工艺过程卡片**

| (工厂) | 机械工艺过程卡片 | 产品型号 | | 零件图号 | 8301 | | 共1页 | 第1页 |
|---|---|---|---|---|---|---|---|---|
| | | 产品名称 | 解放牌汽车 | 零件名称 | 万向节滑动叉 | | | |

| 材料牌号 | 45 | 毛坯种类 | 模锻件 | 毛坯外形尺寸 | 218×118×65 | 每毛坯可制件数 | 1 | 每台件数 | 1 | 备注 | |
|---|---|---|---|---|---|---|---|---|---|---|---|

| 工序号 | 工序名称 | 工序内容 | 车间 | 工段 | 设备 | 工艺装备 | 准终 | 单件 |
|---|---|---|---|---|---|---|---|---|
| 1 | 模锻 | 模锻 | 锻工 | | 100kN摩擦压力机 | DM01-2 | | |
| 2 | 热处理 | 正火 | 热处理 | | | | | |
| 3 | 车削 | 车外圆 φ62mm, φ60mm, 车螺纹 M60×1 | 金工 | | CA6140 | CZ01-1 | | 1.396 |
| 4 | 钻削 | 两次钻孔并扩钻花键底孔 φ43mm, 锪沉头孔 φ55mm | 金工 | | C365L | CZ01-2 | | 9.75 |
| 5 | 车削 | φ43mm 内孔倒角 5mm×30° | 金工 | | CA6140 | CZ01-3 | | 0.83 |
| 6 | 钻削 | 钻 Rc1/8 锥螺纹底孔 | 金工 | | Z525 | ZZ01-1 | | 0.24 |
| 7 | 拉削 | 拉内花键 | 金工 | | L6120 | LZ01-1 | | 0.42 |
| 8 | 铣削 | 粗铣 φ39mm 两孔端面 | 金工 | | X63 | XZ01-1 | | 1.75 |
| 9 | 钻削 | 钻孔两次并扩孔 φ39mm | 金工 | | Z535 | ZZ01-2 | | 3.73 |
| 10 | 镗削 | 精镗并细镗 φ39mm 两孔, 倒角 C2 | 金工 | | T740 | TZ01-1 | | 1.28 |
| 11 | 磨削 | 磨 φ39mm 两孔端面 | 金工 | | M7130 | MZ01-1 | | 7.28 |
| 12 | 钻削 | 钻 M8mm 螺纹底孔, 倒角 120° | 金工 | | Z525 | ZZ01-3 | | 0.96 |
| 13 | 钳工 | 攻螺纹 M8、Rc1/8 | 金工 | | | | | 1.28 |
| 14 | 冲压 | 冲箭头 | 锻工 | | | | | |
| 15 | 检验 | 终检 | 质检室 | | | | | |

| | | | 设计 (日期) | 审核 (日期) | 标准化 (日期) | 会签 (日期) |
|---|---|---|---|---|---|---|

描图　描校　底图号　装订号

| 标记 | 处数 | 更改文件号 | 签字 | 日期 | 标记 | 处数 | 更改文件号 | 签字 | 日期 |
|---|---|---|---|---|---|---|---|---|---|

**附表 4-2　机械加工工序卡片**

## 机械加工工序卡

| （工厂） | 机械加工工序卡 | 产品型号 | | 零件图号 | 8301 | | 第 1 页 |
|---|---|---|---|---|---|---|---|
| | | 产品名称 | 解放牌汽车 | 零件名称 | 万向节滑动叉 | 共 1 页 | 材料牌号 45 |
| | | 车间 | 金工 | 工序号 | 3 | 工序名称 车削 | 每台件数 |
| | | 设备名称 | 毛坯种类 | 毛坯外形尺寸 | 每毛坯可制件数 | 同时加工件数 | |
| | | 设备型号 | | 设备编号 | | 切削液 | |
| | | 夹具编号 | 夹具名称 | 工位器具编号 | 工位器具名称 | 工序工时 准终 / 单件 | |

| 工步号 | 工步名称 | 工艺装备 | 主轴转速 /(r·min⁻¹) | 切削速度 /(m·min⁻¹) | 进给量 /mm | 背吃刀量 /mm | 进给次数 | 工时/min 机动 / 单件 |
|---|---|---|---|---|---|---|---|---|
| 1 | 粗车端面至 φ30mm，保证尺寸 185₋₀.₄₆ mm | CA6140；CZ01-1；YT15 外圆车刀；卡规 | 560 | 114.35 | 0.51 | 3 | 2 | 0.096 |
| 2 | 粗车 φ62mm 外圆 | | 560 | 114.35 | 0.51 | 1.5 | 1 | 0.336 |
| 3 | 车 φ60mm 外圆 | | 710 | 133.8 | 0.51 | 1 | 1 | 0.068 |
| 4 | 车螺纹 M60×1，粗车螺纹 | CA6140；CZ01-1；W18Cr4V；螺纹量规 | 100 | 18.85 | 1 | 0.17 | 4 | 0.75 |
| 5 | 精车螺纹 | | 200 | 37.7 | 1 | 0.08 | 2 | 0.18 |

| 描图 | | | 设计 （日期） | 审核 （日期） | 标准化 （日期） | 会签 （日期） |
|---|---|---|---|---|---|---|
| 描校 底图号 装订号 | | 标记 处数 更改文件号 签字 日期 | 标记 处数 更改文件号 签字 日期 | | | |

# 机械制造工艺与机床夹具课程设计题目选编

本章共辑录了 22 幅难度适中，包含轴、套、箱体、壳体和支架等各种机械零件的图样（见图 5-1 ~ 图 5-22），这些机械零件通常需要 3 个以上的技术工种才能完成，比较适合高职工科类学生进行工艺设计使用，可供任课教师在制订机械制造工艺与机床夹具课程设计任务书时作为选题参考。

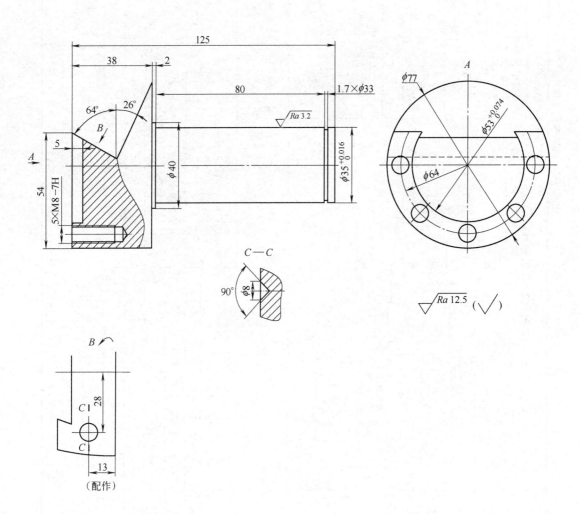

图 5-1 心轴

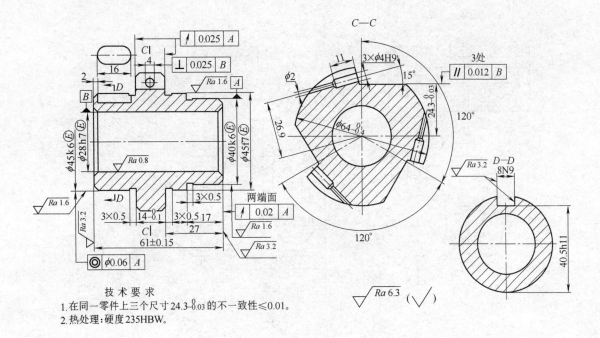

技术要求
1. 在同一零件上三个尺寸 $24.3_{-0.03}^{0}$ 的不一致性≤0.01。
2. 热处理:硬度235HBW。

图 5-2　星轮

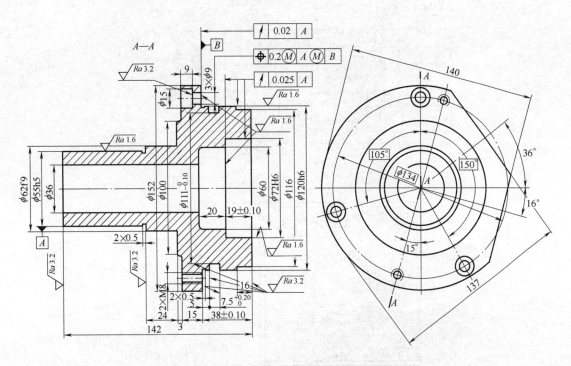

图 5-3　Ⅰ轴法兰盘

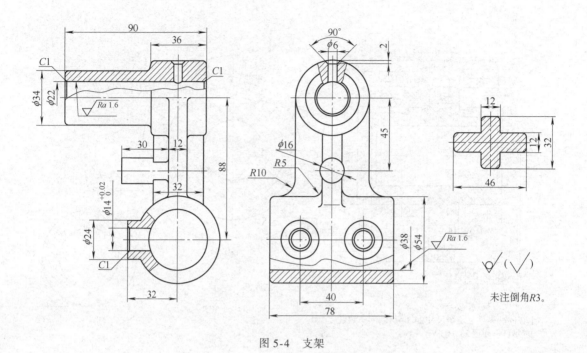

图 5-4 支架

图 5-5 方刀架

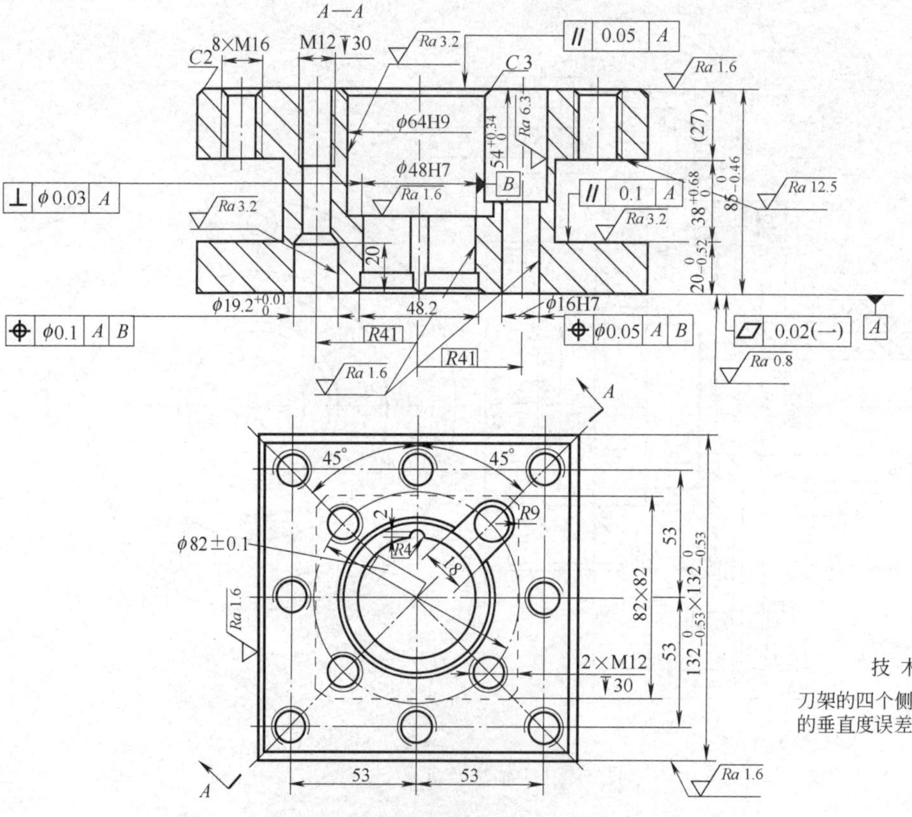

**技 术 要 求**

刀架的四个侧面，相邻侧面
的垂直度误差不大于0.2。

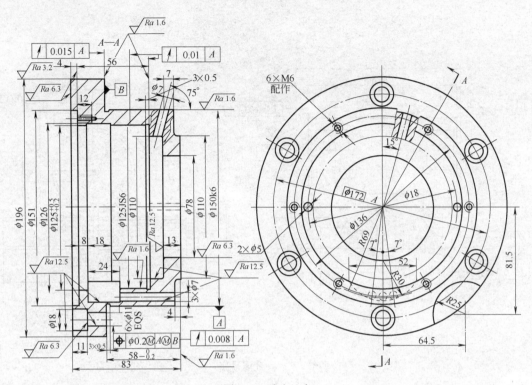

图 5-6 后法兰盘

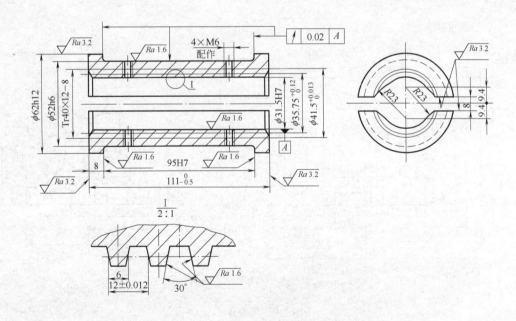

图 5-7 开合螺母

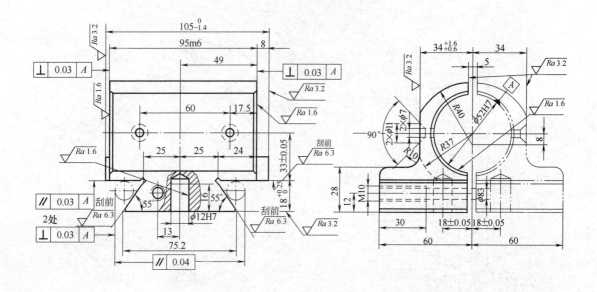

图 5-8　开合螺母座

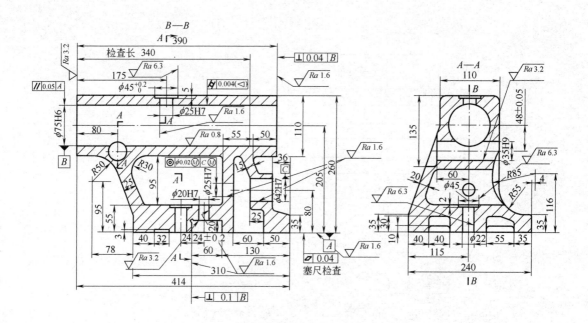

图 5-9　尾座体

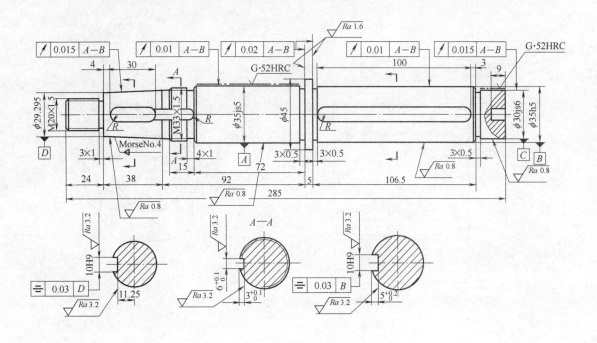

图 5-10　轴

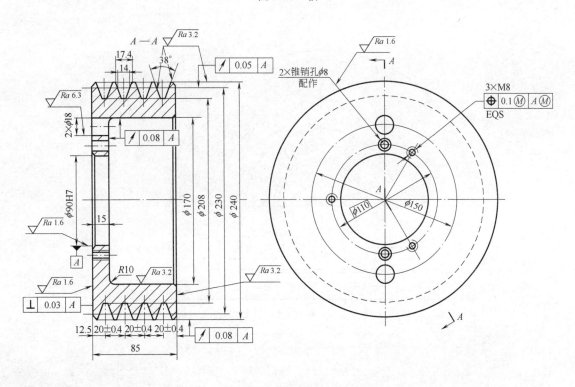

图 5-11　带轮

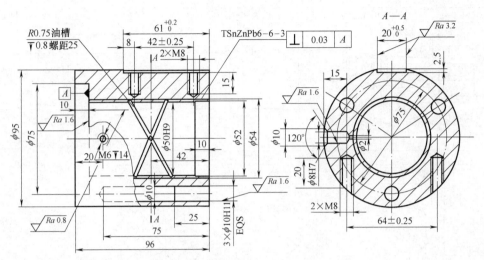

注：轴套内壁用离心浇铸法浇上锡青铜层,如不具备条件,也可采用压入铜套的办法。

图 5-12　带铜衬轴套

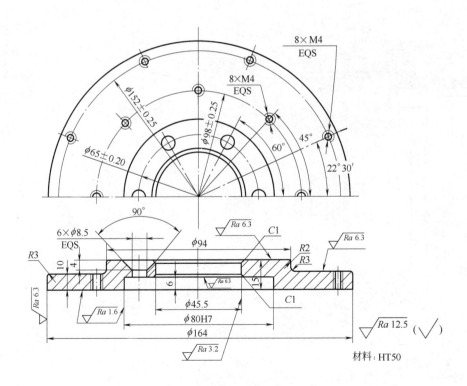

材料：HT50

图 5-13　法兰盘

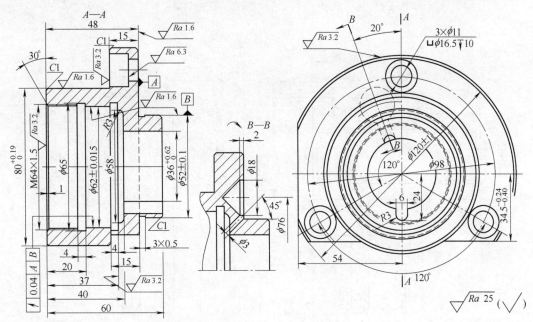

图 5-14 CA6140 车床法兰盘

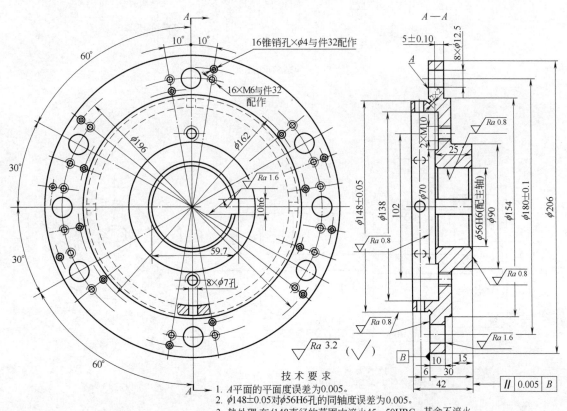

技 术 要 求

1. A平面的平面度误差为0.005。
2. φ148±0.05对φ56H6孔的同轴度误差为0.005。
3. 热处理:在φ148直径的范围内淬火45～50HRC,其余不淬火。
4. 材料:40Cr。
5. 未注倒角C1。
   注:2×M10螺孔是装拆时用的工艺孔。

图 5-15 分度盘

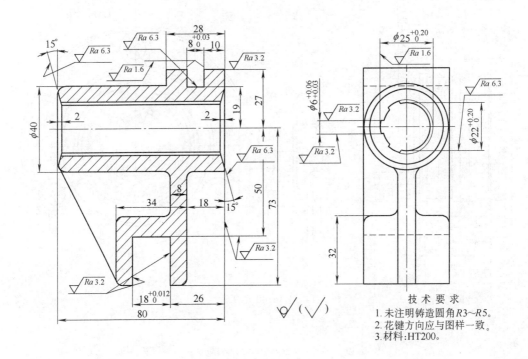

图 5-16　CA6140 拨叉

技　术　要　求
1. 未注明铸造圆角 R3～R5。
2. 花键方向应与图样一致。
3. 材料:HT200。

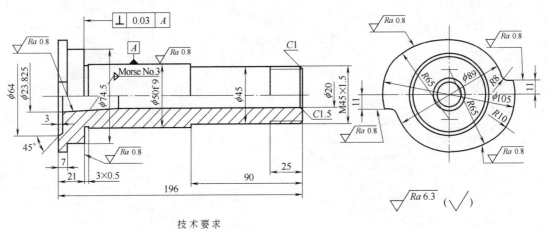

技　术　要　求
1. 杆体调质处理:220～250HBW。
2. 凸轮圆周面及锥孔火焰淬火,45～50HRC。
3. 材料:45。

图 5-17　凸轮杆

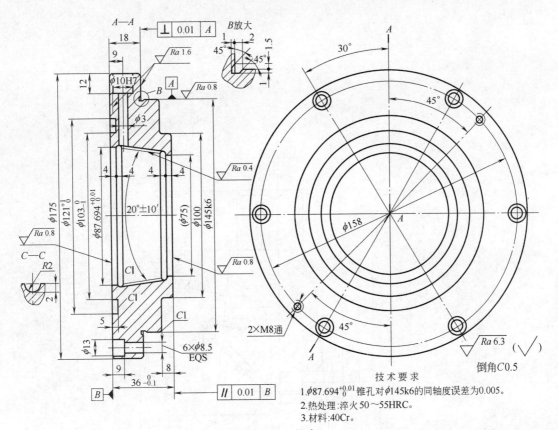

技术要求

1. $\phi 87.694_0^{+0.01}$ 锥孔对 $\phi 145k6$ 的同轴度误差为0.005。

2. 热处理：淬火50～55HRC。

3. 材料：40Cr。

图 5-18　锥套

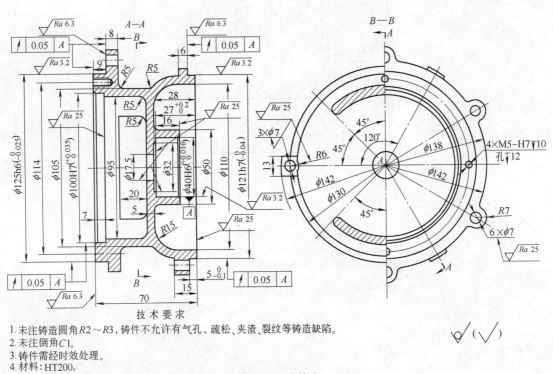

技术要求

1. 未注铸造圆角R2～R3，铸件不允许有气孔、疏松、夹渣、裂纹等铸造缺陷。

2. 未注倒角C1。

3. 铸件需经时效处理。

4. 材料：HT200。

图 5-19　连接座

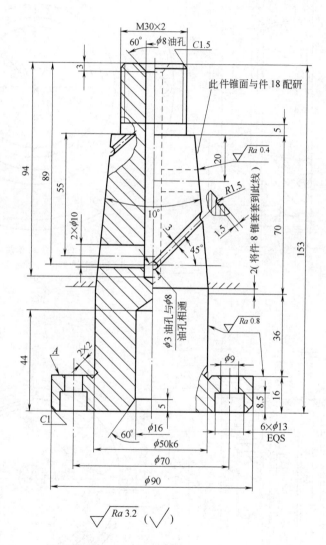

$$\sqrt{Ra\,3.2}\quad(\sqrt{\phantom{x}})$$

技 术 要 求

1. A 面对 $\phi$50k6 和锥度中心的垂直度误差为 0.005。
2. M30×2 螺纹对 $\phi$50k6 的同轴度误差为 0.05。
3. 两端 60°锥孔作为工艺孔,其表面粗糙度 Ra 值为 0.8μm。
4. 热处理:渗碳 0.8~1,淬火 58~62HRC(螺纹部分不淬火)。
5. 材料:35。

图 5-20 锥轴

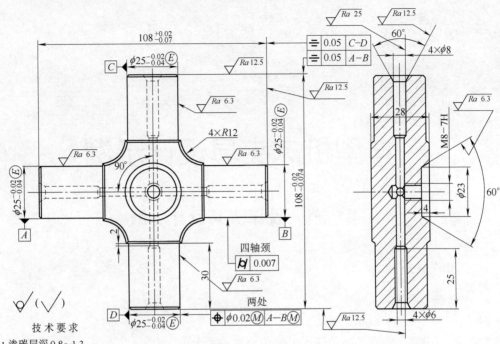

技术要求

1. 渗碳层深0.8~1.3。
2. 在四个轴颈上淬火硬度58~63HRC。
3. 未注圆角为R2。

图 5-21 十字轴

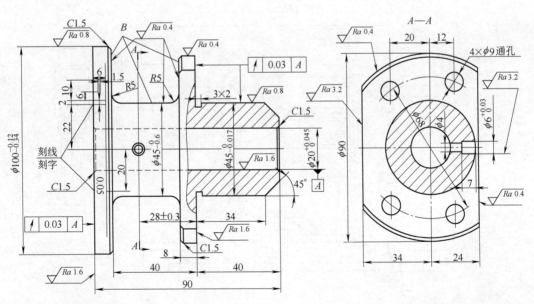

技术要求

1. 刻字字形高5,刻线宽3,深0.5。
2. B面抛光。
3. $\phi 100^{-0.12}_{-0.34}$外圆无光镀铬。
4. 材料：HT200。

图 5-22 CA6140 法兰盘

# 第六章

# 典型机床夹具设计示例

## 第一节　铣床夹具设计示例

### 一、卧式铣床夹具

**1. 小轴铣平面夹具**

（1）夹具结构：如图 6-1 所示。

（2）使用说明：本夹具用于铣床上铣削小轴的两个平面。

转动手柄使端面上有偏心槽的偏心轮转动，带动活动 V 形块移近并夹紧工件。

此夹具可用于成批生产。

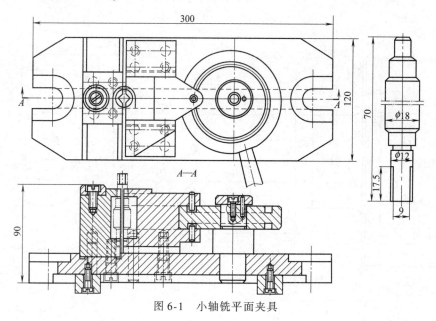

图6-1　小轴铣平面夹具

**2. 壳体零件铣端面夹具**

（1）夹具结构：如图 6-2 所示。

（2）使用说明：本夹具用于铣削壳体零件的端面。

工件以底平面和两个销孔为基准，在夹具的五个支承板 1 和两个定位销上定位。用三个气缸同时驱动钩形压板 2 及压板 3 实现夹紧。件 4、5 为对刀块，件 6 为安放工件时初定位用。

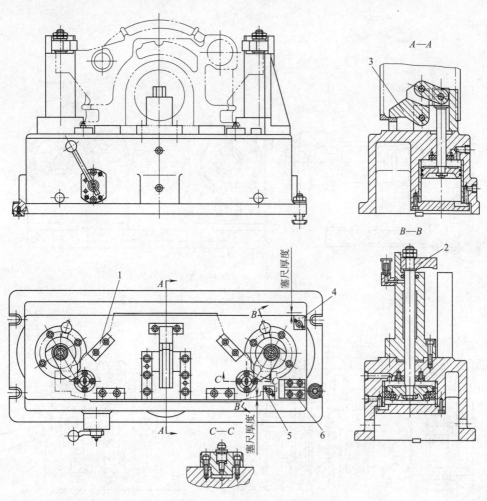

图 6-2　壳体零件铣端面夹具

1—支承板　2—钩形压板　3—压板　4、5—对刀块　6—定位件

### 3. 支架铣开夹具

（1）夹具结构：如图 6-3 所示。

（2）使用说明：本夹具用于铣开支架。

工件以两孔和端面为基准，用夹具定位销 1 及削边销 4 或 5 定位。以开口垫圈 2、螺母 3 实现夹紧。

当铣开一切口后，松开工件，以工件孔和已铣开的切口为基准，在定位销 1 和定位块 6 上定位，夹紧后铣切另一切口。

### 4. 加工凸轮轴半圆键槽铣床夹具

（1）夹具结构：如图 6-4 所示。

（2）使用说明：本夹具用于卧式铣床上加工凸轮轴的半圆形键槽。

工件以 $\phi40h6$ 及 $\phi28.45_{-0.1}^{0}$ mm 外圆放在两个 V 形块 4、6 上定位；另以后端面轴向定位于挡板 7 上；为控制凸轮与键槽的相对位置，由浮动的 V 形板 5 对工件凸轮表面作角向定位，从而完成六点定位。

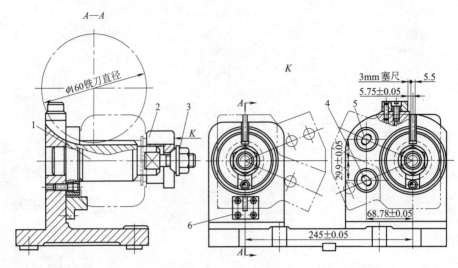

图 6-3　支架铣开夹具

1—定位销　2—开口垫圈　3—螺母　4、5—削边销　6—定位块

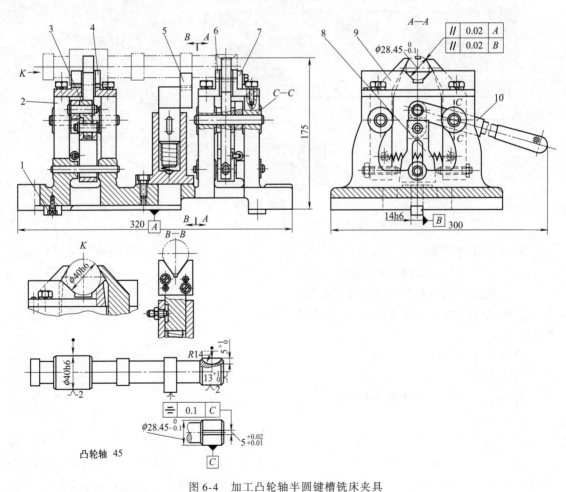

图 6-4　加工凸轮轴半圆键槽铣床夹具

1—定向键　2—夹具体　3—铰链板　4、6—V形块　5—V形板　7—挡板　8—楔块　9—压板　10—手柄

工件定位后向下扳动手柄 10，通过铰链板 3 带动楔块 8 上升，靠楔块两侧的斜面使左右两端的压板 9 绕支点回转，将工件夹紧。由于斜面倾斜角小于摩擦角，故压板在工作过程中不会自行松开。加工完毕后，向上扳动手柄 10，楔块下移，在拉簧的作用下，两压板绕支点转开，使工件松夹。手柄 10 共有两个，分别布置在工件两定位外圆处。

此夹具结构合理，操作迅速、方便，适用于成批生产。

**5. 两工位铣床夹具**

（1）夹具结构：如图 6-5 所示。

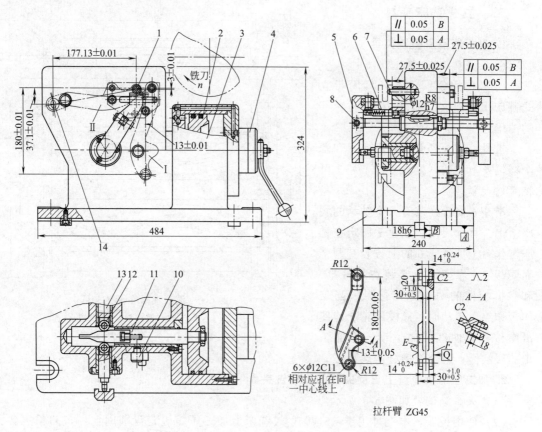

图 6-5　两工位铣床夹具

1—圆柱销　2—活塞　3—气缸　4—转阀　5—压板　6—弹簧　7—定位板　8—铰链销
9—夹具体　10—平面定位销　11—活塞杆　12—滚子　13—推杆　14—菱形销

（2）使用说明：本夹具用于卧式铣床上加工拉杆臂的上下端两条槽。夹具左右两侧各有相同的两个工位，分别加工上下端槽。在铣床刀杆上安装间隔 125mm 的两把三面刃盘铣刀，可同时加工四个工件。

在夹具左右两侧的两个工位上，工件分别以平面 F 或 E 在各自的定位板 7 上定位，同时又以两个 $\phi$12C11 圆孔为基准，分别放在圆柱销 1 和菱形销 14 上，实现六点定位。

当一次加工完毕后，左右两侧各卸下 Ⅱ 工位上已加工好两条槽的工件，而将 Ⅰ 工位上加工好上端槽的工件取下安装到 Ⅱ 工位上，再将完全未加工槽的工件安装在 Ⅰ 工位上。扳动转阀4,使气缸3右腔进气,推动活塞2连同活塞杆11向左移动,活塞杆前端的双斜楔推动滚子12,顶出推杆13,使压板5绕铰链销8转动夹紧工件。工件加工完毕,再扳动转阀,使气缸左腔进气,活塞杆右移,弹簧6使压板松开工件。

此夹具结构简单,装夹可靠,使用方便,并采用气动夹紧装置和多件、多工位加工,提高了生产率,故适用于大批量生产。

## 二、立式铣床夹具

### 1. 溜板油槽靠模铣夹具

(1)夹具结构:如图6-6所示。

(2)使用说明:本夹具用于立式铣床上铣削C6132车床溜板底部的油槽。

工件以底面和侧面在滑座6和两个挡销4上定位。操纵手把1和3可将工件夹紧。

滑座6安置在装有八个轴承的底座7上,移动灵活,底座7固定在铣床工作台上。滑座6的上方装有两个靠模板2,靠模滚轮5装在刀杆上,和靠模板槽的两侧保持接触。当工作台作纵向运动时,靠模滚轮5迫使滑座按靠模曲线横向运动,即加工出曲线油槽。两个油槽分两次加工。

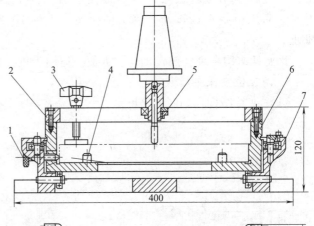

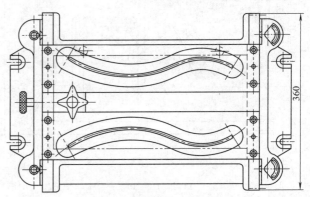

图6-6 溜板油槽靠模铣夹具

1、3—手把 2—靠模板 4—挡销

5—靠模滚轮 6—滑座 7—底座

### 2. 加工压缩机轮盘上正反曲面的靠模铣夹具

(1)夹具结构:如图6-7所示。

(2)使用说明:本夹具用于X5140立式铣床上加工压缩机轮盘圆周上均布的长短各十条正反曲面。更换靠模板7及定位套11,可加工多种规格的轮盘叶片。

工件以内孔 $\phi$188H7 及底面定位于定位套11及支承板9上,限制五个自由度;为保证叶片两侧加工余量均匀,其回转方向的自由度可通过找正叶片位置确定。为了增加工件铣削时的刚性与稳定性,又在齿形分度盘8的盘体上增设了12个辅助支承钉13,支承在工件背面,以减小工件加工时出现的振动。

工件由压板10夹紧于齿形分度盘8上。由于工件较大,故采用了四个螺栓,以增加夹紧力。

夹具底座1安装在铣床工作台上,摆架2通过轴3及弧形滚动导轨与底座1配在一起,并且在重锤19的作用下绕轴3顺时针转动,使装在摆架2下面的靠模板7以其内侧面与装在滚子支架18上的滚子22压靠在一起。当铣床工作台作纵向进给运动时,滚子22迫使摆

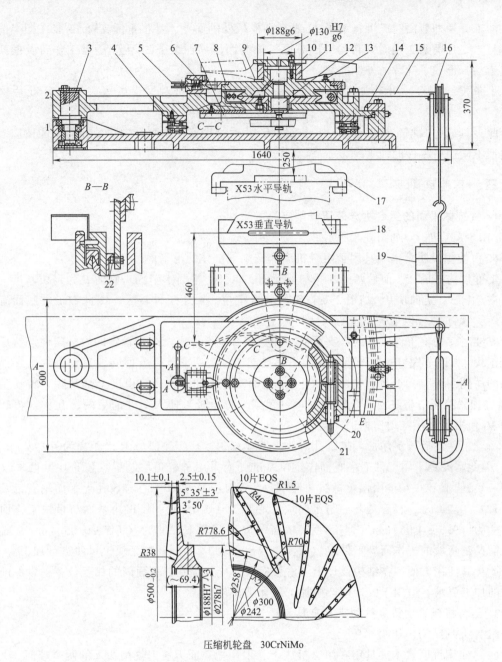

图 6-7　加工压缩机轮盘上正反曲面的靠模铣夹具

1—底座　2—摆架　3—轴　4—滚动轴承　5—偏心轮　6—对定销　7—靠模板　8—齿形分度盘
9—支承板　10—压板　11—定位套　12—中心轴　13—辅助支承钉　14—圆弧压板　15—重锤支臂
16—滑轮　17—立架　18—滚子支架　19—重锤　20—丝杠　21—锁紧环　22—滚子

架 2 按靠模板 7 内侧曲面的升程绕轴 3 摆动。两个运动合成的结果，形成了叶片内曲面的轨迹，由立铣刀将曲面加工出来。一个叶片内侧面铣完后，拧动丝杠 20，使锁紧环 21 松开，再转动偏心轮 5，拔出对定销 6，可将齿形分度盘 8 转动 36° 至下一叶片位置，对定锁紧后，即可进行第二叶片内侧面的加工。

加工叶片外侧面时，可将滚子 22 靠在靠模板外侧面上，并将重锤支臂 15 装在摆架前端 $E$ 面上。此时摆架 2 逆时针转动，使靠模板外侧面压靠在滚子 22 上，随着工作台及摆架的合成运动，形成了叶片的外侧曲面。

十条长（或短）叶片加工完成后，更换靠模板 7，可对另十条短（或长）叶片进行加工。

此夹具结构典型，构思合理，动作灵活，并通过更换及调整其中少数元件，能适应多种同类型不同规格零件的加工。

### 三、其他铣削夹具

#### 1. 气缸体平面的组合机床液压铣削夹具

（1）夹具结构：如图 6-8 所示。

（2）使用说明：本夹具用于组合机床上铣削气缸体的上平面。

工件以内平面 $N$、前后两半圆孔和前端面，以及上平面水套孔一侧面 $B$ 为定位基准，分别以支承钉 5、定向块 9、挡销 2 及校正块装置定位。由于工件较大，因此在工件底面有四个辅助支承钉 13，以增强定位的刚性与稳定性。

安装时，先将工件放在两个支承钉 5 和挡销 2 上，并由两个浮动定向块 9 定向。然后翻下校正块 4，调节螺钉 6 使调节销 8 伸出，推动工件绕两支承钉 5 回转，直到工件上平面水套孔的一侧面 $B$ 与贴合校正块的量块 14 工作面对齐，此时六个自由度全部消除。转动手柄 11 通过锁紧液压缸将底面四个辅助支承钉锁紧。将压板 1 伸入工件前后两端孔中，再转动手柄 10 使夹紧液压缸动作把工件夹紧。

由于工件在后道工序加工气缸孔时要求壁厚均匀，且应保证与 $M$ 面距离为（$123 \pm 0.2$）mm。因此本夹具不用工件毛坯底面作定位基准，而采用了校正块装置。校正块共两块（也可用一块），其校正精度由调整螺钉 3 调节，为保证气缸孔 $C$ 中心与该孔上平面垂直以及尺寸（$123 \pm 0.2$）mm，校正块基面与定向块中心距为 $\pm 0.05$mm，校正块基面与量块工作面间的尺寸为（$9.5 \pm 0.05$）mm（即工件上 $M$ 面与 $B$ 面间基本尺寸为（$9.5 \pm 0.05$）mm），必要时尚需修刮量块的工作面。工件定位后，应取出量块 14 和翻开校正块，以便进行加工。

此夹具使用方便，在结构设计上考虑较完善，能兼顾到各表面间的相互位置，以保证后工序的加工要求，适用于大批生产中加工机体类铸件。

#### 2. 组合机床铣削拨叉气动夹紧夹具

（1）夹具结构：如图 6-9 所示。

（2）使用说明：本夹具用在组合机床上，由两把三面刃铣刀铣削拨叉的两个端面。

工件以 $\phi 15.81$F8 圆孔在定位销 5 上作主要定位，另以 $14.2^{+0.1}_{\ 0}$ mm 槽及侧面外形在定位块 6 及支承块 7 上作轴向及角向定位。

工件的夹紧由气压传动装置完成。操纵配气阀 9，活塞杆向前推动滑块 4，首先带动定位块 6 插入工件 $14.2^{+0.1}_{\ 0}$ mm 槽中定位，随后通过滑块上斜楔和摆杆 1 作用，拨动夹紧块 3 夹紧工件。加工完毕后，转动配气阀，活塞杆带动滑块退回，卡在夹紧块上的弹簧片 8 复位，拉动夹紧块后退松开工件。

摆杆 1 上的偏心销 2 的作用是夹紧时可适当转动加以调整，以根据一批工件坯件尺寸的不同改变夹紧行程。

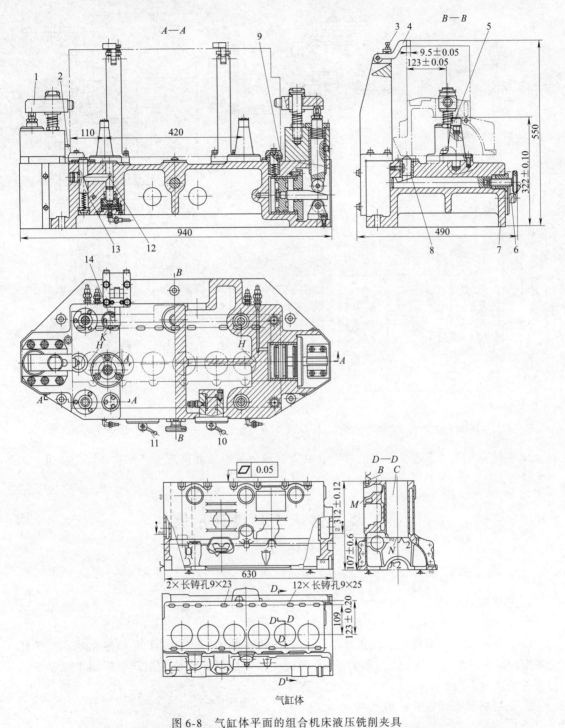

图 6-8　气缸体平面的组合机床液压铣削夹具

1—压板　2—挡销　3—调整螺钉　4—校正块　5—支承钉　6—螺钉　7—夹具体　8—调节销
9—定向块　10—夹紧液压缸手柄　11—锁紧液压缸手柄　12—锁紧钉　13—辅助支承钉　14—量块

　　支承块 7 的侧面 a 为对刀表面，一批工件首件加工时，用 1mm 塞尺控制其与铣刀侧面刃的位置。

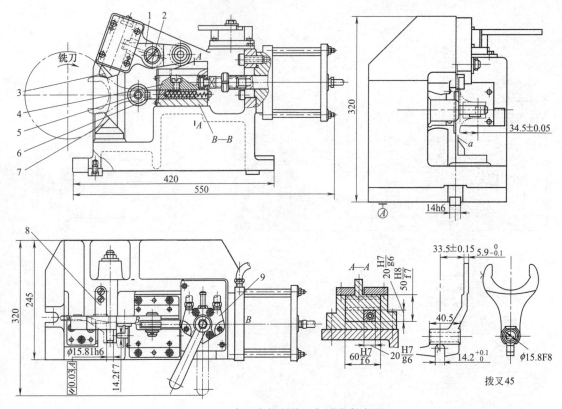

图 6-9　组合机床铣削拨叉气动夹紧夹具

1—摆杆　2—偏心销　3—夹紧块　4—滑块　5—定位销　6—定位块　7—支承块　8—弹簧片　9—配气阀

　　此夹具装夹工件迅速，操作方便，有利于减轻劳动强度和提高生产率，适宜于大批、大量生产。

# 第二节　钻床夹具设计示例

## 一、固定式钻模

### 1. 钻支架孔钻模

（1）夹具结构：如图 6-10 所示。

（2）使用说明：本夹具为加工左、右支架孔的钻模。工件以端平面和相互垂直的两孔为基准，以夹具圆环支承板 2、支承板 6、圆销 3 和削边销 5 定位，用开口垫圈 4 通过螺母将工件夹紧。

### 2. 钻拉杆叉头颊板孔钻模

（1）夹具结构：如图 6-11 所示。

（2）使用说明：本夹具用于加工拉杆叉头颊板的孔。

拉杆以叉头颊板的内基准面安装在定位衬套的支承端面上，颊板的外圆柱基准表面用两个定位螺钉定向。

为了避免下颊板弯曲，夹具上装有辅助支承，在夹紧工件的同时将支承锁紧。

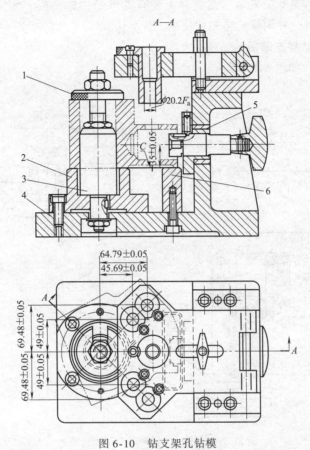

图 6-10　钻支架孔钻模

1—夹具体　2—圆环支承板　3—圆销　4—开口垫圈　5—削边销　6—支承板

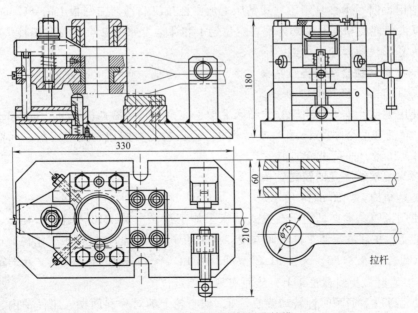

图 6-11　钻拉杆叉头颊板孔钻模

为了便于工件在夹具上安装，在夹具上装有支承工件的平板。为防止工件在加工时转动，夹具上装有挡销，并用螺栓将工件顶紧。

**3. 钻拖拉机制动器左踏板孔钻模**

（1）夹具结构：如图6-12所示。

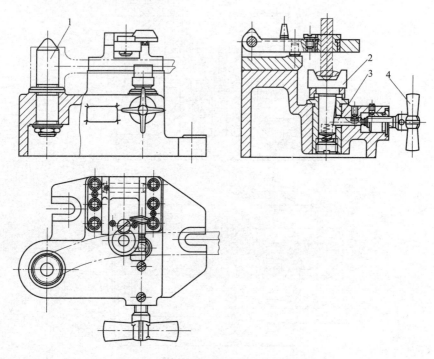

图6-12　钻拖拉机制动器左踏板孔钻模

1—定位销　2—浮动V形块　3—斜面销　4—手柄

（2）使用说明：本夹具用于立式钻床上加工拖拉机制动器左踏板上的 $\phi12mm$ 孔。

工件以头部端面和孔及柄部外形在定位销1和浮动V形块2上定位，旋转手柄4以斜面销3将浮动V形块锁紧即可加工。

**4. 钻拖拉机制动器杠杆壳孔钻模**

（1）夹具结构：如图6-13所示。

（2）使用说明：本夹具用于立式钻床上加工拖拉机制动器杠杆壳上的 $\phi16mm$ 孔。

工件以底面和两个 $\phi13mm$ 孔在支承板2、圆柱销1和削边销3上定位，无需用专门的夹紧元件将其压紧，即可进行加工。

**5. 钻拨叉上螺纹底孔的铰链钻模**

（1）夹具结构：如图6-14所示。

（2）使用说明：本夹具用于在立式钻床上加工拨叉上的 M10 底孔 $\phi8.4mm$。由于钻孔后需要攻螺纹，并且考虑使工件装卸方便，故采用了可翻开的铰链模板式结构。

工件以圆孔 $\phi15.81F8$、叉口 $51^{+0.1}_{0}mm$ 及槽 $14.2^{+0.1}_{0}mm$ 作定位基准，分别定位于夹具的定位轴6、扁销1及偏心轮8上，从而实现六点定位。

夹紧时，通过手柄顺时针转动偏心轮8，偏心轮上的对称斜面楔入工件槽内，在定位的同时将工件夹紧。由于钻削力不大，故工作时比较可靠。钻模板4用销轴3采用基轴制装在

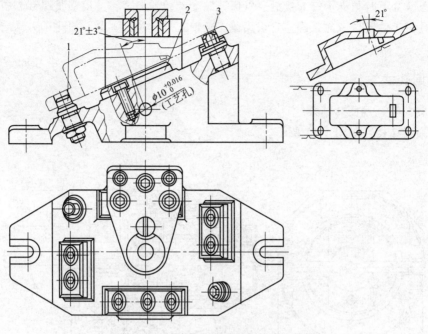

图 6-13　钻拖拉机制动器杠杆壳孔钻模

1—圆柱销　2—支承板　3—削边销

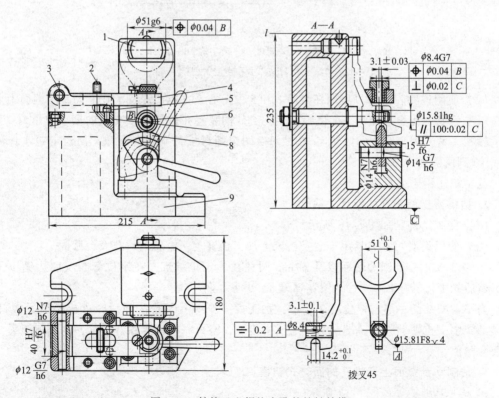

图 6-14　钻拨叉上螺纹底孔的铰链钻模

1—扁销　2—锁紧螺钉　3—销轴　4—钻模板　5—支承钉　6—定位轴

7—模板座　8—偏心轮　9—夹具体

模板座 7 上，翻下时与支承钉 5 接触，以保证钻套的位置精度，并用锁紧螺钉 2 锁紧。

此夹具对工件定位考虑合理，且采用偏心轮使工件定位又夹紧，简化了夹具结构，适用于成批生产。

## 二、回转式钻模

**1. 钻转向节孔用回转钻模**

（1）夹具结构：如图 6-15 所示。

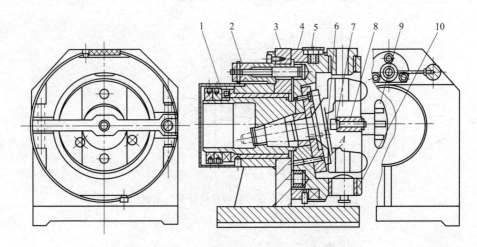

图 6-15　钻转向节孔用回转钻模

1—螺母　2、5—套筒　3—固定座　4—对定销　6—削边销　7—支承钉

8—铰链压板　9—手轮　10—回转座

（2）使用说明：工件以尾柄在套筒 2 和 5 中定心，并以凸缘支承在套筒 5 的端面上。工件又以法兰上的孔为基准装在削边销 6 上，工件用装置在铰链压板 8 上的摆动支承钉 7、星形手轮 9 夹紧。固定座 3 和回转座 10 之间由两个螺母 1 控制轴向间隙。用对定销 4 保证回转座 10 到所需的位置。

此钻模适用于大批量生产。

**2. 钻摇臂上两斜孔的摆动式钻模**

（1）夹具结构：如图 6-16 所示。

（2）使用说明：本夹具用于立式钻床上加工摇臂上两个斜向螺孔及台阶面。

工件以 $\phi24F6$ 外圆和端面以及 $\phi7mm$ 圆柱孔为定位基准，在定位套 5 及削边销 1 上定位，然后扣上回转压板 7，拧动滚花螺母 8，夹紧工件。

当摆动架 9 的一端与定位块 2 接触，加工好一个螺孔及台阶面后，可拧松锁紧螺钉 3，使摆动架绕支点摆动至另一端与另一定位块接触，将另一端锁紧螺钉拧紧，即可加工另一螺孔及台阶面。

**3. 钻制动瓦弧面上四排孔的回转式钻模**

（1）夹具结构：如图 6-17 所示。

（2）使用说明：本夹具用于摇臂钻床上依次加工制动瓦弧面上的四排 12 个 $\phi4.3mm$ 小孔。

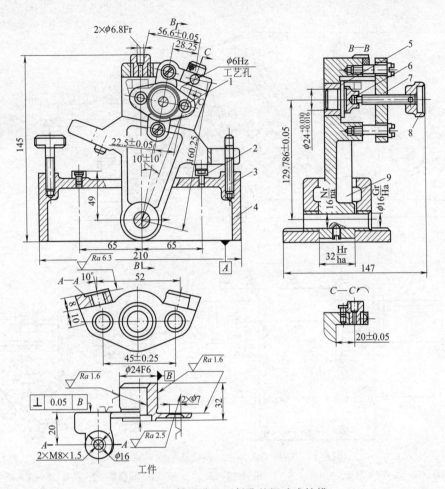

图 6-16 钻摇臂上两斜孔的摆动式钻模

1—削边销 2—定位块 3—锁紧螺钉 4—夹具体 5—定位套
6—浮动压块 7—压板 8—滚花螺母 9—摆动架

工件以 $R108$mm 圆弧面及 $H$ 面定位于钻模板 6 的背面及窄侧面上，又以 $\phi25F9$ 圆孔定位于菱形定位销 5 上，实现六点定位。

工件的夹紧由两个钩头螺钉完成。装卸工件时，可将钩头螺钉旋转 90°，以便让开工件。

当加工第一排孔时，将对定销 1 插入夹具体 3 的最右面一个分度衬套 2 的孔中，依次对三个 $\phi4.3$mm 孔进行加工。第一排孔钻完后，拔出对定销 1，将滑板 4 沿着夹具体 3 的圆弧导轨转动至第二排孔位置，将对定销 1 插入第二排分度衬套孔中，即可进行第二排孔的加工。由于钻削力很小，分度装置未设锁紧机构，而采用圆锥对定销来消除径向间隙。

**4. 加工盘盖类零件上等分或不等分孔的回转式钻模**

（1）夹具结构：如图 6-18 所示。

（2）使用说明：本夹具可用于加工盘、盖类工件的等分孔或不等分孔。

工件在夹具上配备的自定心卡盘中定位夹紧。工件直径的变化可控制在三爪的伸缩范围内；工件高度尺寸变化时，可将螺钉 $E$ 松开，使支架 9 通过齿轮齿条上下移动，调整到适当高度，再拧紧螺钉 $E$；所加工孔心圆半径的大小，则可通过调节钻模板的距离获得。

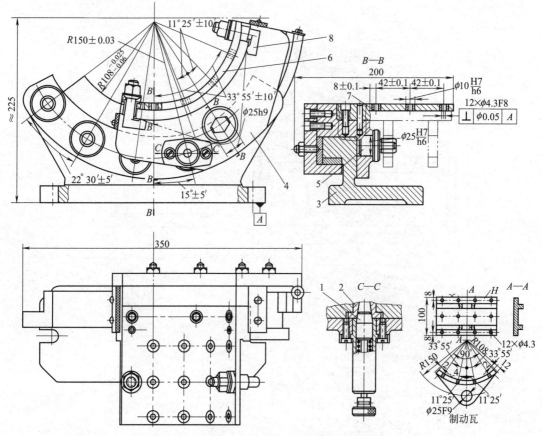

图 6-17　钻制动瓦弧面上四排孔的回转式钻模

1—对定销　2—分度衬套　3—夹具体　4—滑板　5—菱形定位销　6—钻模板　7—钻套　8—钩头螺钉

使用时，先将钻套 1 轴线和自定心卡盘轴线的同轴度调整到允许的范围，使丝杆刻度盘对准零位。然后根据工件待加工孔的孔心圆半径大小要求，旋转手轮，按丝杠螺距及刻度盘读数调整钻套位置，最后用螺钉 D 固定。

工件上各加工孔的角度位置，依靠一个分度齿轮 5 或改用一个不等分的可换分度盘获得。分度时，可先旋松拨销手柄 11，使对定销 10 退出，再旋松锁紧手柄 12，使锁紧环松开，然后用扳手扳动自定心卡盘连同分度齿轮 5 回转分度。分度完毕，再依次旋紧手柄 11 和 12，使对定销插入齿槽，锁紧环抱紧回转部件。当加工孔距不能用分度齿轮或可换分度盘分度时，则可直接按刻度盘 7 上的刻度值分度。

此夹具还可用于卧轴分度加工，此时拆去支架 9，将 C 面安放在钻床工作台上，另通过定向键 G 在 A 面上安装另一套钻模板支架，即可加工径向等分或不等分孔。

## 三、翻转式钻模

### 1. 钻联接器两孔翻转式钻模

（1）夹具结构：如图 6-19 所示。

（2）使用说明：本夹具用于立式钻床钻拖拉机消声器联接器上的两个孔。

工件以法兰平面及两端面凸台外形在支承板 3 及可调 V 形块 2 和 4 上定位。旋转手柄 1

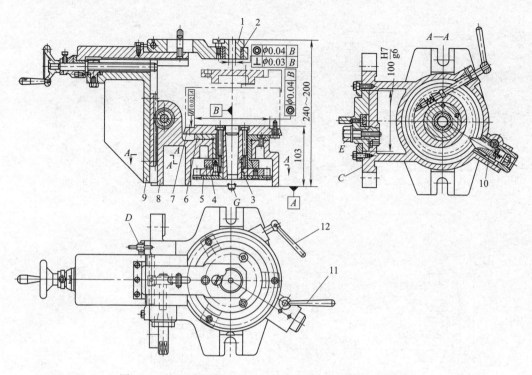

图 6-18　加工盘盖类零件上等分或不等分孔的回转式钻模

1—钻套　2、6—衬套　3—套　4—锁紧环　5—分度齿轮　7—刻度盘　8—底座
9—支架　10—对定销　11—拨销手柄　12—锁紧手柄

便推动 V 形块 2，将工件夹紧。

**2. 钻排气管 180°翻转式钻模**

（1）夹具结构：如图 6-20
所示。

（2）使用说明：本夹具用于
钻排气管的四个孔。

工件以端面及其外圆柱面为基
准，在夹具支承套 1 和 V 形模架 3
上定位，以叉口内颊面在活动定位
件 2 上实现角向定位。由铰链压板
和浮动压块 4 夹紧。钻完两孔后，
翻转钻模 180°钻另外两孔。

## 四、盖板式钻模

**1. 钻弧齿锥齿轮六孔盖板式钻模**

（1）夹具结构：如图 6-21 所示。

（2）使用说明：本夹具用于摇臂钻床钻铰弧齿锥齿轮上的六个孔。

工件以内孔和端面在定位心轴上定位。

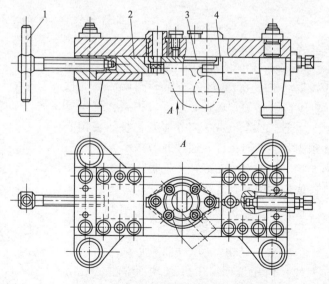

图 6-19　钻联接器两孔翻转式钻模

1—手柄　2、4—V 形块　3—支承板

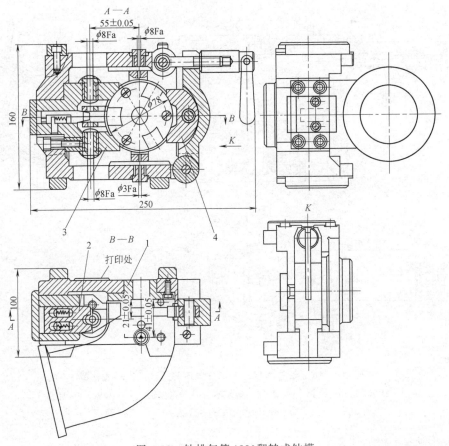

图 6-20　钻排气管 180°翻转式钻模
1—支承套　2—定位件　3—V 形模架　4—浮动压块

装上工件后，盖上钻模板 5 和开口垫圈 10，扳动手柄 1，通过偏心轮 2 和铰链板 3 使拉杆 6 向下移动，首先通过压力弹簧 9 迫使锥套 8 向下、三个压爪 7 向外胀开，将工件定心和预夹紧；同时拉杆 6 通过开口垫圈 10、钻模板 5 将工件压紧。钻好一个孔后，插上对定销 11，依次钻削其余五个孔。

铰孔时，更换钻模板 5 及对定销 11。

**2. 钻端盖斜孔盖板式钻模**

（1）夹具结构：如图 6-22 所示。

（2）使用说明：工件以端面、中心孔和一个销孔在心轴 2、削边销 1 上定位。钻模板 3 以外圆滑套在心轴 2 的中心孔内，角向位置可由其下扁尾与滑套扁孔配合限定。

夹紧时，将偏心轴 4 推入钻模板 3 的孔中，转动手轮 5，通过偏心轴带动钻模板 3 将

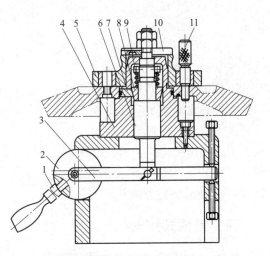

图 6-21　钻弧齿锥齿轮六孔盖板式钻模
1—手柄　2—偏心轮　3—铰链板　4—支座
5—钻模板　6—拉杆　7—压爪　8—锥套
9—压力弹簧　10—开口垫圈　11—对定销

工件夹紧。螺钉6用于调节夹紧行程。

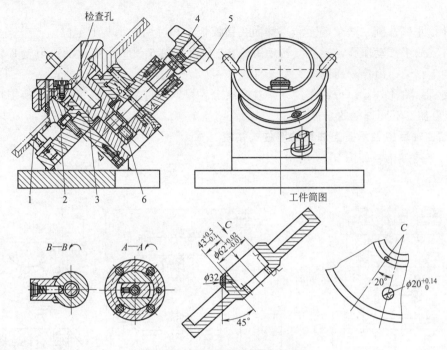

图 6-22　钻端盖斜孔盖板式钻模

1—削边销　2—心轴　3—钻模板　4—偏心轴　5—手轮　6—螺钉

## 五、滑柱式钻模

### 1. 钻泵体三孔滑柱式钻模

（1）夹具结构：如图 6-23 所示。

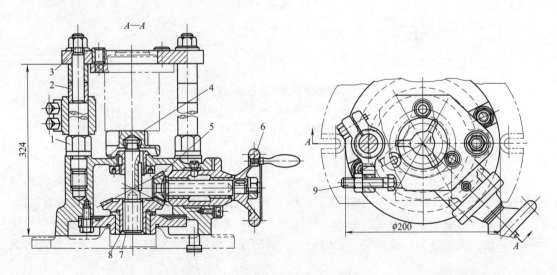

图 6-23　钻泵体三孔滑柱式钻模

1—螺杆　2—衬套　3—钻模板　4—压脚　5、8—锥齿轮　6—手轮　7—顶杆　9—可调支承

（2）使用说明：本夹具用于立式钻床，与回转工作台配套使用，钻总泵缸体上的三个孔。

工件以止口外圆、法兰端面和一侧面在钻模板3和可调支承9上定位。

工件安放于浮动压脚4上后，转动手轮6，经锥齿轮5使带内螺纹的锥齿轮8旋转带动顶杆7向上移动，由浮动压脚4夹紧工件。

该夹具除钻孔外，还可用作铰孔、攻螺纹等。根据工件的不同高度，可更换螺杆1或衬套2，即可加工不同规格的泵体。

**2. 钻曲轴后主轴承盖上油孔的滑柱式钻模**

（1）夹具结构：如图6-24所示。

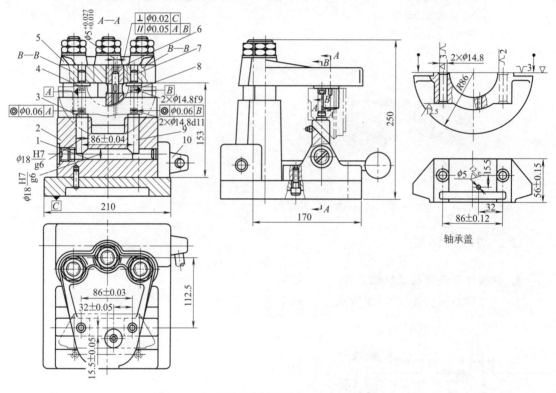

图6-24　钻曲轴后主轴承盖上油孔的滑柱式钻模

1—滑柱　2—垫座　3、9—浮动定位销　4—菱形定位销　5—钻模板　6—钻套

7—圆柱定位销　8—衬套　10—手柄

（2）使用说明：本夹具用于钻曲轴后主轴承盖上的 $\phi5$mm 油孔。

工件以轴承盖的结合面和两孔 $\phi14.8$mm 作为定位基准。安装工件时，首先将两孔 $\phi14.8$mm 套在预定位机构的两个浮动定位销3和9上，然后操纵手柄10使钻模板5下降，圆柱定位销7和菱形定位销4即插入工件的两个 $\phi14.8$mm 孔中。当继续下降钻模板时，由于预定位机构是浮动的，能使轴承盖的结合面紧贴在定位销7和4的台阶端面上，使工件得以夹紧。

为了防止刀具在工件圆弧面上钻孔时产生偏斜，采用特殊结构的衬套8，使钻套接近工件的加工部分。为了方便排屑，在衬套上开有两对长圆孔。

# 第三节  镗床夹具设计示例

## 一、金刚镗床夹具

### 1. 金刚镗活塞销孔夹具

（1）夹具结构：如图6-25所示。

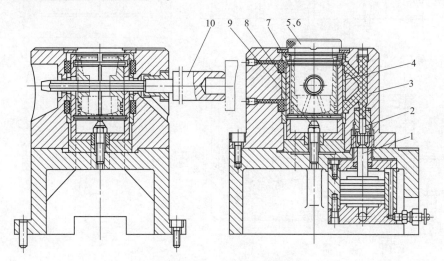

图6-25  金刚镗活塞销孔夹具

1—活塞  2—滑柱  3—塑料  4—薄壁套  5—塞规  6—保护塞规  7—垫圈  8—卡爪  9、10—定位销

（2）使用说明：本夹具为镗削起动机活塞销孔用金刚镗床夹具。

工件在过渡卡爪中以定位销9上端面预定位，以活塞销孔和装于镗杆上的定位销10准确定位。夹紧时，通过液压缸活塞1、滑柱2、塑料3使薄壁套4的薄壁部分产生弹性变形，由过渡卡爪8夹紧工件。更换过渡卡爪8可加工不同外径的活塞。

件5为防止工件变形的塞规，件6为不装工件时放入的保护塞规。

### 2. 金刚镗连杆大小头孔夹具

（1）夹具结构：如图6-26所示。

（2）使用说明：本夹具用于双头专用金刚镗床上精镗连杆大、小头孔。

工件以大头端面工艺凸台及精镗过的小头孔在支承环4、支承钉5和由小头插入的销子3上定位。夹紧时液压缸的活塞动作，带动压板6将工件夹紧，再拧动星形捏手使浮动定心夹紧装置夹紧杆身，并通过锥套2锁紧。抽出销3即可进行加工。

## 二、专用镗床夹具

### 1. 精镗车床尾座体孔镗模

（1）夹具结构：如图6-27所示。

（2）使用说明：本夹具为精镗车床尾座体 $\phi60H6$ 孔的镗模。

为了保证尾座孔中心线与车床主轴中心线的等高性，将尾座体与底板拼成一体加工。部

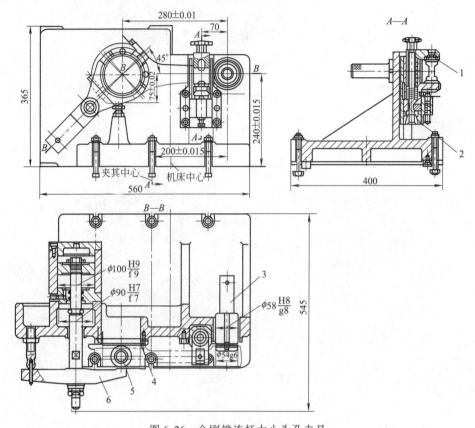

图 6-26  金刚镗连杆大小头孔夹具

1—球形压块  2—锥套  3—销  4—支承环  5—支承钉  6—压板

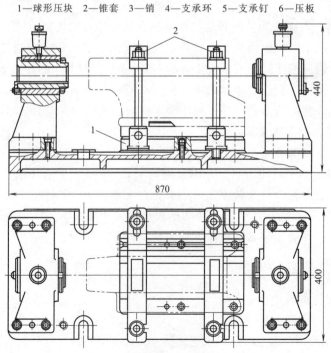

图 6-27  精镗车床尾座体孔镗模

1—支承板  2—压板

件以尾座底板底平面和 V 形导轨面为基面安放在支承板 1 上定位，用两个压板 2 夹紧。

**2. 镗泵体两相垂直孔的镗床夹具**

（1）夹具结构：如图 6-28 所示。

（2）使用说明：本夹具用于卧式镗床上镗削 G7128 锯床泵体上的互相垂直的孔。

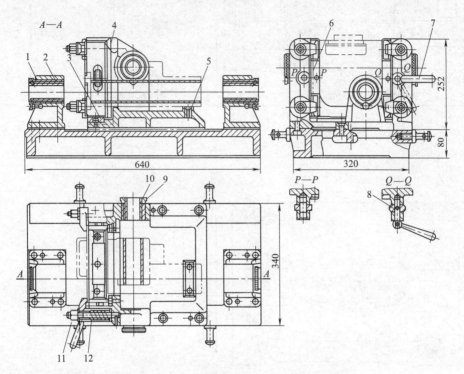

图 6-28　镗泵体两相垂直孔的镗床夹具

1、10—铜套　2、9—快换镗套　3、4、5—支承板　6—滚轮

7—手柄　8—偏心轮　11—螺母　12—钩形压板

工件以一个法兰安装面和两侧面在两支承板 4、下支承板 3 和滚轮 6 上定位。扳动手柄 7，旋转偏心轮 8，使工件紧靠于滚轮 6 上，拧紧四个螺母 11，通过钩形压板 12 将工件压紧于支承板 4 上。

夹具支架上的快换镗套 2 和 9 内镶有耐磨铜套 1 和 10。

此夹具结构简单，但如果后支承板 5 改成浮动或可调的辅助支承则更好。

**3. 立式镗床加工箱体盖两孔夹具**

（1）夹具结构：如图 6-29 所示。

（2）使用说明：本夹具用于立式镗床或摇臂钻床上加工箱体盖的两个 $\phi100H9$ 平行孔。

工件以底平面（精基准）为主要定位基准，安放在夹具体 3 的平面上，另以两侧面（粗基准）分别为导向、止推定位基准，定位在三个可调支承钉 8 上，从而实现六点定位。

工件定位后，转动四个螺母 5，即可通过四副钩形压板 4 将工件夹紧。

加工过程中，镗刀杆上端与机床主轴浮动连接，下端以 $\phi35H7$ 圆孔与导向轴 2 配合，对镗刀杆起导向作用。当一个孔加工完毕后，镗刀杆再与另一导向轴配合，即可完成第二个

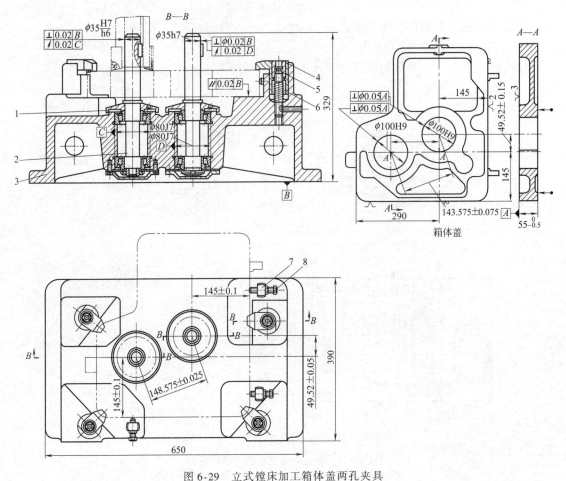

图 6-29  立式镗床加工箱体盖两孔夹具

1—护盖  2—导向轴  3—夹具体  4—钩形压板  5—螺母  6—螺栓  7—支架  8—可调支承钉

孔的加工。

此夹具定位合理，夹紧可靠，主要特点是导向元件不采用一般的镗套形式，而以导向轴来代替，从而使工件安装方便，夹具结构简单。

**4. 双镗杆联动镗床夹具**

（1）夹具结构：如图 6-30 所示。

（2）使用说明：本夹具用于普通卧式镗床上加工滚齿机滚刀箱壳体。工件由四个零件（工序图中Ⅰ、Ⅱ、Ⅲ、Ⅳ）组装而成，在一次加工中完成两列平行孔系的加工。

工件以（φ450±0.16）mm 圆盘平面及 φ115H7 圆孔为定位基准，定位于定位块 4 及定位圆柱 5 上；再用千分表触头贴紧工件右端面，使千分表架 8 沿基准板 9 水平移动，以便对定工件角向位置。然后拧紧两对联动压板 3，把工件初步夹紧。为增加工件定位的稳定性与刚性，在框架 7 上设有辅助支承及夹紧装置，当工件初夹紧后，可用千分表架沿基准板 9 的垂直平面上下移动，检查工件是否变形，最后利用这些夹紧装置将工件夹紧。

工作中，前支架 1 上面的齿轮镗套 2 在带键镗杆带动下回转，并通过齿轮传动，使下面

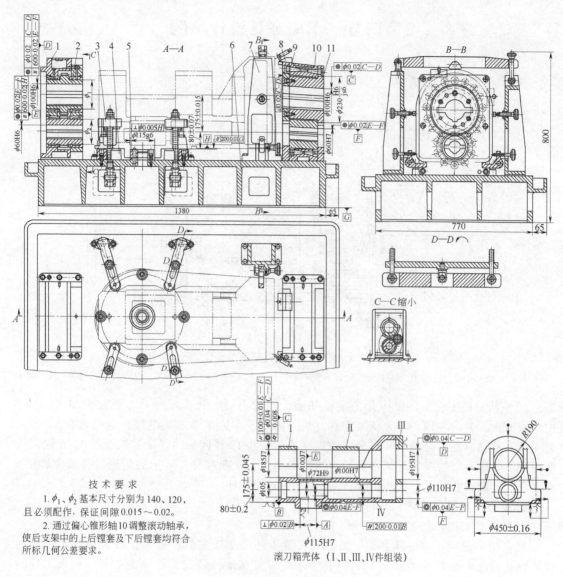

**技术要求**

1. $\phi_1$、$\phi_2$ 基本尺寸分别为 140、120，且必须配作，保证间隙 0.015～0.02。

2. 通过偏心锥形轴 10 调整滚动轴承，使后支架中的上后镗套及下后镗套均符合所标几何公差要求。

滚刀箱壳体（Ⅰ、Ⅱ、Ⅲ、Ⅳ件组装）

图 6-30 双镗杆联动镗床夹具

1—前支架　2—齿轮镗套　3—联动压板　4—定位块　5—定位圆柱　6—底座

7—框架　8—千分表架　9—基准板　10—偏心锥形轴　11—后镗套

的齿轮镗套带动下镗杆也同步回转，实现主切削运动。为了提高齿轮镗套与后镗套 11 的同轴度，两个上下后镗套采用多列滚动轴承支承，在装配调整中，除一对轴承为固定轴不能调节外，其他各对轴承均可适当转动偏心锥形轴 10，凭借其偏心部分使轴承贴紧镗套外圆。由于镗杆较长，故每一根镗杆各做成前后两段，分别连同镗刀穿过前后镗套，在中间部分利用锥面配合在一起，使形成一根镗杆。镗孔加工完成后，前后两段镗杆再卸开分别取出。

夹具的底座 6 尺寸较厚，但中间挖空，铸有加强肋以提高刚性，四周铸有集屑槽。

此夹具加工精度高，刚性好；由于采用双镗杆联动加工，因此生产效率高。

# 第四节　车床夹具设计示例

## 一、心轴类车床夹具

### 1. 车轴承座外圆的车夹具

（1）夹具结构：如图6-31所示。

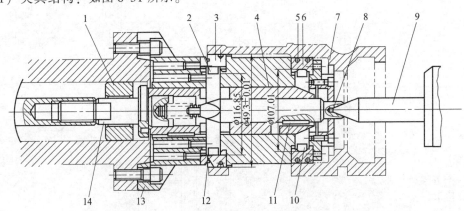

图6-31　车轴承座外圆的车夹具

1—衬套　2、10—销　3、6—胀圈　4—衬套　5、12—弹簧圈　7—顶盖　8—心轴　9—后顶盖　11—键　13—本体　14—推杆

（2）使用说明：工件以内孔为定位基准，套在心轴上初步定位后，后顶尖顶入心轴8的中心孔内，并向左顶心轴8使其左移，且由固定于车床主轴末端的气缸通过推杆14推衬套4向右移动。此时心轴8和衬套4的锥面使销2和10径向伸出，使弹性胀圈3、6同时外胀而使工件定心并被夹紧。加工完后，推杆带动衬套4向左移，后顶尖后退，弹簧使心轴8向右移动，则弹簧圈12、5使胀圈3、6收缩而放松工件。

### 2. 离心力夹紧车夹具

（1）夹具结构：如图6-32所示。

（2）使用说明：本夹具为利用离心力夹紧工件的车床夹具，可用于加工柴油机气门摇臂转轴孔的两个端面。工件以 $\phi21H7$ 孔为主要定位基准，装在弹性筒夹7上，约束工件的四个自由度。车削工件第一端面时，以对刀定位杆6上的 V 形槽定工件的轴向位置，并以其端面对刀；调头车削第二端面时，拆去对刀定位杆6，以定位套筒8上的 E 端面定工件的轴向位置，并以其对刀，圆柱销5起防转支承作用。

加工时，由于离心力的作用，使两个飞锤2绕销轴3转动，迫使压盘9及拉杆4左移，使弹性筒夹7张开，从而使工件定心、夹紧。

加工完毕后，主轴停转，飞锤2上的离心力消失，拉杆4在压力弹簧10的推力作用下右移，弹性筒夹7恢复原位，使工件松夹。

此夹具结构紧凑、合理，使用方便，生产效率高。

## 二、卡盘类车床夹具

### 1. 四爪定心夹紧车夹具

（1）夹具结构：如图6-33所示。

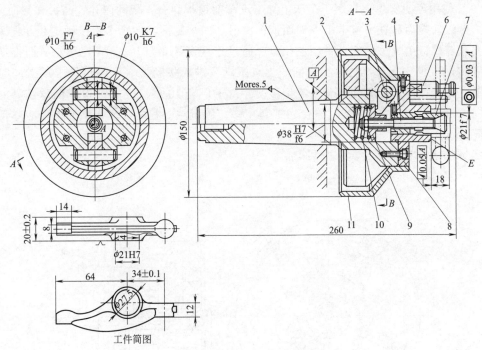

图 6-32　离心力夹紧车夹具

1—夹具体　2—飞锤　3—销轴　4—拉杆　5—圆柱销　6—对刀定位杆

7—弹性筒夹　8—定位套筒　9—压盘　10—压力弹簧　11—罩子

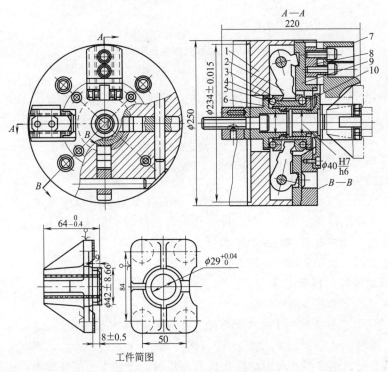

图 6-33　四爪定心夹紧车夹具

1—夹具体　2—杠杆　3—外锥套　4—钢球　5—内锥套　6—连接套　7—可换卡爪　8—连接块　9—卡爪　10—压套

（2）使用说明：本夹具用于车床上加工汽车前钢板弹簧支架的内孔、凸台和端面。

工件以后端面靠在可换卡爪内端面上；由另外四个侧面与四个卡爪接触定心并夹紧。

当拉杆螺钉由气缸活塞杆带动左拉时，通过连接套 6 带动压套 10 左移，从而推动钢球 4、外锥套 3，使上、下两杠杆 2 绕固定支点摆动，进而拨动上、下两可换卡爪 7 同时向中心移动，夹住工件；此时外锥套 3 停止移动，由于压套 10 继续左移，迫使钢球 4 沿外锥套斜面向内滑动，压向内锥套 5，迫使内锥套左移，从而左、右两可换卡爪亦向中心移动，四卡爪同时定心并夹紧工件。

**2. 水泵壳体镗孔车夹具**

（1）夹具结构：如图 6-34 所示。

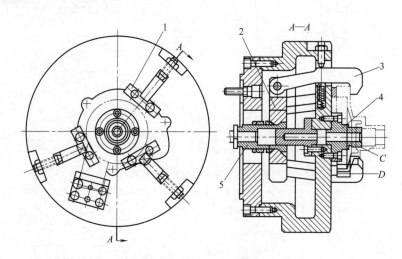

图 6-34　水泵壳体镗孔车夹具

1—支承板　2—连接盘　3—夹爪　4—定位心轴　5—连接套

（2）使用说明：本夹具用于加工水泵壳体。工件以孔 C 和端面 D 为基准，靠夹具定位心轴 4 及支承板 1 定位。用气动或液压装置向左拉动连接套 5 和连接盘 2，带动三个夹爪 3 同时压紧工件。松开时，夹爪可以自动张开。

**3. 车削万向节叉外圆和端面的卡盘**

（1）夹具结构：如图 6-35 所示。

（2）使用说明：工件安装在套筒的支承平面上并靠紧支承板的平面。在活塞杆向左运动时，两个柱塞在杠杆的作用下，与工件耳孔配合定位。夹爪在另一对杠杆的作用下，将工件定心、夹紧。夹具中心套中的滚动轴承可支承刀杆。

为安全起见，卡盘在工作时应加外罩。

**4. 端盖端面液性塑料车夹具**

（1）夹具结构：如图 6-36 所示。

（2）使用说明：本夹具用于卧式车床上车削端盖的端面及内孔。

工件以一面两孔在定位块 8、削边销 9、圆柱销 10 上定位。

拧紧螺杆 5 时，两卡爪 6 向中心移动，由每爪的两个销 1 使液性塑料产生压力（两个定位套 4、弹簧 3 安装在支座 2 上，可上下浮动），保证接触工件并均匀夹紧。

螺钉 7 可调整卡爪 6 内的液性塑料的压力。

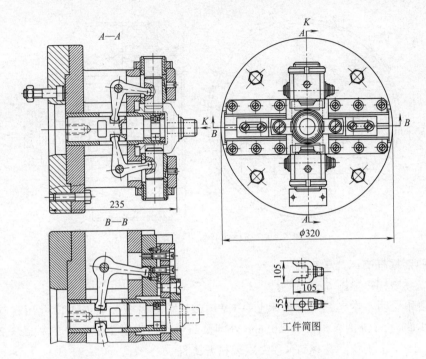

图 6-35　车削万向节叉外圆和端面的卡盘

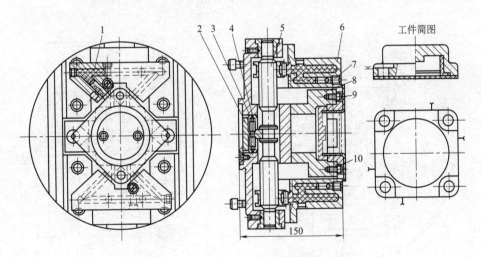

图 6-36　端盖端面液性塑料车夹具

1—销　2—支座　3—弹簧　4—定位套　5—螺杆　6—卡爪

7—螺钉　8—定位块　9—削边销　10—圆柱销

## 三、角铁类车床夹具

### 1. 壳体零件镗孔车端面夹具

（1）夹具结构：如图 6-37 所示。

（2）使用说明：工件以平面及两孔定位，用两个钩形压板夹紧。夹具上设有供检验和校正用的检验（校正）孔、供测量工件端面尺寸用的测量基准。

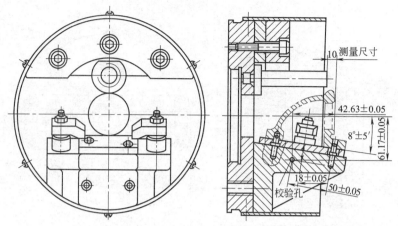

图 6-37　壳体零件镗孔车端面夹具

**2. 镗脱落蜗杆支架孔车夹具**

（1）夹具结构：如图 6-38 所示。

（2）使用说明：本夹具为在车床上镗 CW6163B 脱落蜗杆支架 $\phi46H7$ 孔用夹具。

工件以 $\phi35mm$ 外圆、端面和 $\phi65mm$ 外圆及凸台外形为定位基准，在 V 形块 2、定位块 3 及支承钉 6、7 上定位。拧螺钉 4，夹紧或松开工件。

夹具以过渡法兰盘 1 与机床主轴连接。为安全起见，设计有防护罩 5。

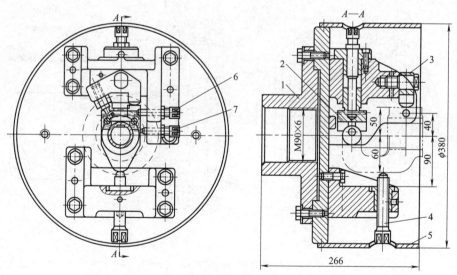

图 6-38　镗脱落蜗杆支架孔车夹具
1—法兰盘　2—V 形块　3—定位块　4—螺钉　5—防护罩　6、7—支承钉

**3. 方槽分度车夹具**

（1）夹具结构：如图 6-39 所示。

（2）使用说明：本夹具用于车床上加工汽车十字轴上四个 $\phi16.3_{-0.012}^{0}$ mm、$\phi18mm$ 台阶外圆及其端面，夹具通过过渡盘与机床主轴相连接。

工件以三个外圆表面作为定位基准，分别在三个 V 形块 4 上定位，约束了六个自由度。

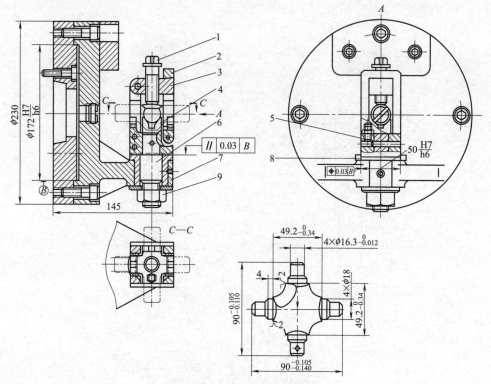

图 6-39　方槽分度车夹具

1—螺钉　2—铰链支架　3—铰链板　4—V形块　5—辅助支承　6—转轴　7—夹具体　8—分度块　9—螺母

为增加工件定位稳定性,另设置一辅助支承 5。

工件安放前,须将铰链支架 2 翻倒,工件定位后,翻上铰链支架,使铰链板 3 嵌入其槽中,然后拧紧螺钉 1。当工件一端加工完毕后,松开螺母 9,将转轴 6 提起离开分度块 8 的方槽。工件连同 V 形块等回转分度 90°,嵌入分度块的方槽中,再紧固螺母 9,即可依次加工另外三个轴颈。

为使工件安装时不致产生干涉,故将方形截面支架的中间部分做成圆弧形(见 $C—C$)。此夹具装夹迅速,分度简单、方便,适用于大批量生产。

## 四、花盘类车床夹具

### 1. 车削齿轮泵体两孔的车夹具

(1) 夹具结构:如图 6-40 所示。

(2) 使用说明:本夹具用于车床上加工齿轮泵体上两个 $\phi35H7$ 孔。

工件以端面 $A$、外圆 $\phi70mm$ 及角向小孔 $\phi9^{+0.03}_{0}mm$ 为定位基准,夹具转盘上的 $N$ 面、圆孔 $\phi70mm$ 和削边销 4 作为限位基面,用两副螺旋压板 5 压紧。转盘 2 则由两副 L 形压板 6 压紧在夹具体上。当第一个 $\phi35mm$ 孔加工好后,拔出对定销 3 并松开压板 6,将转盘连同工件一起回转 180°,对定销即在弹簧力作用下插入夹具体上另一分度孔中,再夹紧转盘后,即可加工第二个孔。夹具利用本体上的止口 $E$ 通过过渡盘与车床主轴连接,安装时可按找正圆 $K$ 校正夹具与机床主轴的同轴度。

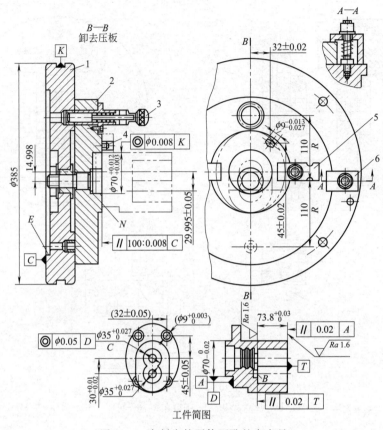

图 6-40　车削齿轮泵体两孔的车夹具

1—夹具体　2—转盘　3—对定销　4—削边销　5—螺旋压板　6—L形压板

## 2. 在车床上镗两平行孔的移位夹具

（1）夹具结构：如图 6-41 所示。

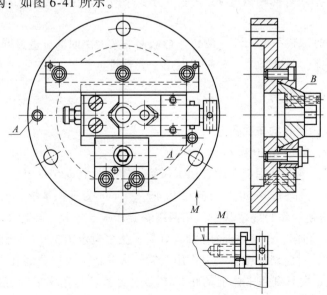

图 6-41　在车床上镗两平行孔的移位夹具

（2）使用说明：本夹具用于车床上镗两平行孔。

工件用固定的和活动的 V 形块定心、夹紧于燕尾形滑块 B 上。滑块 B 在两端的位置分别由两个挡销 A 确定，并用楔形压板锁紧。两孔的距离可利用调节螺钉调节。

# 第五节　其他机床夹具设计示例

## 一、磨床专用夹具

### 1. 外圆磨电磁吸盘

（1）夹具结构：如图 6-42 所示。

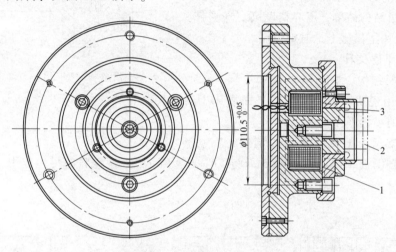

图 6-42　外圆磨电磁吸盘

1—线圈　2—工件　3—隔磁圈

（2）使用说明：本夹具多用于磨削类机床，也可用于车床。因产生的夹紧力不大，且分布均匀，适用于切削力不大和要求变形小的精加工工件。

当线圈通入直流电后，在铁心上产生一定数量的磁通 $\Phi$，磁力线避开隔磁圈 3，通过工件 2 形成闭合回路，如图中虚线所示。由于磁力线在工件中通过，工件被吸在盘面上。当断开线圈中的电流时，电磁吸力消失，即可卸下工件。

### 2. 内圆磨液性塑料夹头

（1）夹具结构：如图 6-43 所示。

（2）使用说明：本夹具用于磨削工件内孔。

工件由两个薄壁套筒在其两端自动定心并夹紧。

使用时，分别操纵两个加压螺钉。为避免夹紧力过大，加压螺钉的行程由可调的柱销限制。为了操作安全，夹具加有防护罩。

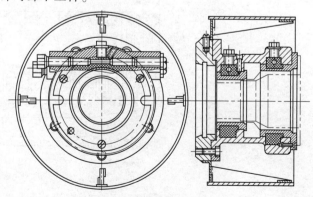

图 6-43　内圆磨液性塑料夹头

**3. 磨双联齿轮内孔的气动薄壁弹性卡盘**

（1）夹具结构：如图6-44所示。

（2）使用说明：本气动薄壁弹性卡盘用于内圆磨床上磨削双联齿轮内孔。

夹具具有两层薄壁卡盘，而使用同一夹紧动力。安装时，通过调节螺钉14以M面找正并与过渡盘固定在一起。工作时，气动拉杆向左移动，使薄壁盘变形，通过卡爪定心和夹紧工件。加工完后，拉杆向右移动，薄壁盘恢复弹性变形，卡爪回到原来位置，从而松开工件。

此种卡盘结构简单，定心精度高。环形件9和11供在机床上修磨卡爪时定位用。

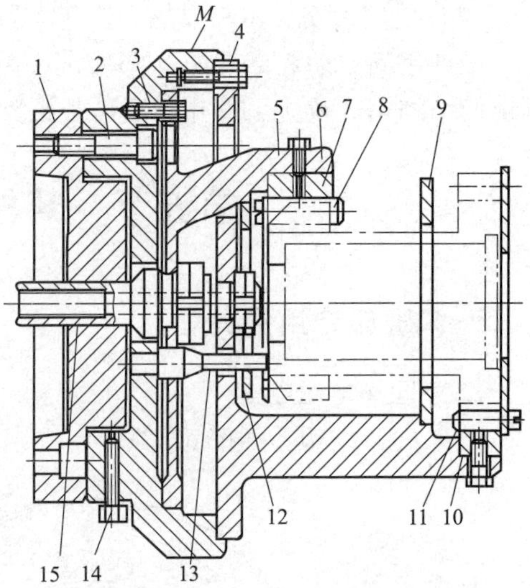

**4. 多件平磨夹具**

（1）夹具结构：如图6-45所示。

（2）使用说明：本夹具用于平面磨床上磨削气门挺杆的小端平面。

工件以支承板1和V形块2定位。旋紧螺母4时，铰链压板3、6上的柱塞5即将工件夹紧。由于液性塑料的传力作用，各工件的夹紧力较均匀。

图6-44 磨双联齿轮内孔的气动薄壁弹性卡盘

1—过渡盘 2、3、4—紧固螺钉 5、6—薄壁弹性卡盘 7、10—卡爪 8—圆棒 9、11—环形件 12—支承板 13—顶销 14—调节螺钉 15—拉杆

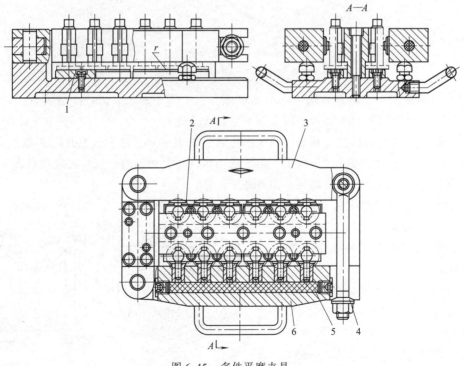

图6-45 多件平磨夹具

1—支承板 2—V形块 3、6—铰链压板 4—螺母 5—柱塞

## 二、刨床专用夹具

### 1. 上刀架座粗、精刨燕尾槽夹具

（1）夹具结构：如图 6-46 所示。

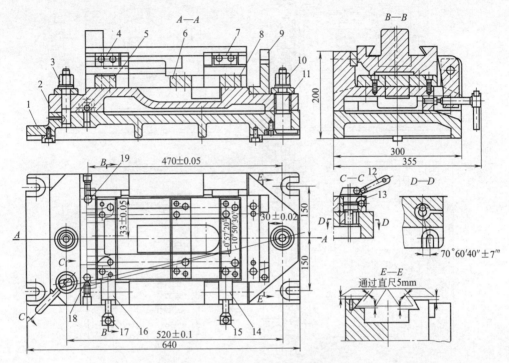

图 6-46　上刀架座粗、精刨燕尾槽夹具

1—底座　2—夹具体　3、10—螺母　4、5、6、7、8—支承板　9—对刀装置　11—心轴
12—手柄　13—偏心轴　14、16—压板　15、17—螺钉　18、19—定位销

（2）使用说明：本夹具用于粗、精刨上刀架座的燕尾槽。

工件以上平面和侧平面为定位基准，在支承板 4、5、6、7 和 8 上定位。拧螺钉 15、17，带动压板 14 和 16 夹紧工件。为使夹紧可靠，两块压板必须均匀施力。刨完直槽面后，松开螺母 3 和 10，操纵手柄 12，由偏心轴 13 带动夹具体 2 绕心轴 11 在底座 1 上转动，由定位销 18、19 限位，再拧紧螺母 3、10，以刨斜槽面。件 9 为对刀装置，用于调整刀具位置。

### 2. 壳体燕尾形导轨面刨夹具

（1）夹具结构：如图 6-47 所示。

（2）使用说明：本夹具用于牛头刨床上刨削壳体燕尾形导轨面。

工件经轴线相互垂直的两柱面在 V 形块 1、圆弧面托架 2 上定位。

拧螺母 13 使两块压板 3、铰链压板 4 夹紧工件；同时分别拧紧辅助支承螺钉 6 及四个螺钉 7 以承受切削力，并增强工件刚性。再按工件燕尾两侧面斜度要求，将插销 5 分别插入 A 套孔或 B 套孔内，拧紧四个螺钉 8，使转台 9 与底座 10 固定，即可刨削。

为减少转台 9 的变形，并使夹紧可靠，压板 4 采用浮动结构；转台 9 两侧的挡板 11 可

用于插销孔时的预定位；盖板12可防止切屑和污物掉入底座的摩擦面内；V形座侧面的 *M*、*N* 面为校正基面。

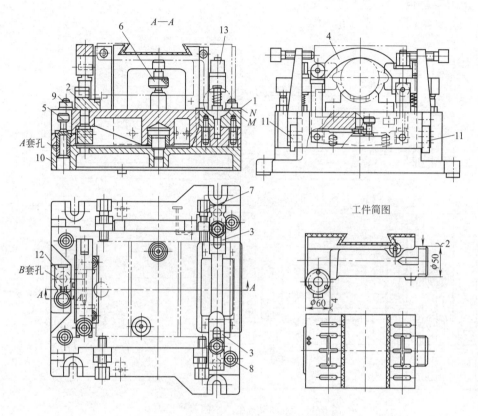

图 6-47　壳体燕尾形导轨面刨夹具

1—V 形块　2—托架　3—压板　4—铰链压板　5—插销　6—支承螺钉

7、8—螺钉　9—转台　10—底座　11—挡板　12—盖板　13—螺母

# 参 考 文 献

[1]  艾兴，肖诗纲. 切削用量简明手册 [M]. 3 版. 北京：机械工业出版社，1994.

[2]  李益民. 机械制造工艺设计简明手册 [M]. 2 版. 北京：机械工业出版社，2013.

[3]  赵家齐. 机械制造工艺学课程设计指导书 [M]. 2 版. 北京：机械工业出版社，2002.

[4]  刘守勇，李增平. 机械制造工艺与机床夹具 [M]. 3 版. 北京：机械工业出版社，2013.

[5]  徐嘉元，曾家驹. 机械制造工艺学（含机床夹具设计）[M]. 北京：机械工业出版社，1998.

[6]  吴拓. 机械制造工艺与机床夹具 [M]. 北京：机械工业出版社，2006.

[7]  陆剑中，孙家宁. 金属切削原理与刀具 [M]. 3 版. 北京：机械工业出版社，2011.

[8]  吴拓. 机械制造工程 [M]. 3 版. 北京：机械工业出版社，2011.